普通高等教育机电类系列教材

工程制图训练与解答

（上 册）

第 2 版

主　编　王　农
副主编　戚　美　袁义坤　周　虹
参　编　王　瑞　王逢德　王维硒　付琪琪　王伯韬
主　审　梁会珍

机械工业出版社

本书按照课程知识点分为13部分，内容包括直线的投影，平面的投影，直线与平面、平面与平面的相对位置，平面与平面立体相交，平面与曲面立体相交，多立体相交，读组合体视图（补线和补图），组合体的尺寸标注，组合体构型设计，轴测投影图，剖视图，以及视图和断面图。书后的附录还提供了部分章节的三维实体图、自测试题及解答，有利于提高学生的空间想象力和读图、画图能力。

本书可供高等学校工科类各专业使用，亦可供高等职业院校、成人教育学院、高等教育自学考试的学生及企业工程技术人员使用和参考。

图书在版编目（CIP）数据

工程制图训练与解答. 上册/王农主编. —2版. —北京：机械工业出版社，2020.2
（2023.12 重印）
普通高等教育机电类系列教材
ISBN 978-7-111-64602-0

Ⅰ. ①工… Ⅱ. ①王… Ⅲ. ①工程制图 – 高等学校 – 习题集 Ⅳ. ①TB23 – 44

中国版本图书馆 CIP 数据核字（2019）第 298883 号

机械工业出版社（北京市百万庄大街22号 邮政编码100037）
策划编辑：舒 恬　　　　　　　责任编辑：舒 恬　王勇哲
责任校对：刘雅娜　王 延　　　封面设计：马精明
责任印制：单爱军
保定市中画美凯印刷有限公司印刷
2023年12月第2版第2次印刷
370mm×260mm · 14.5 印张 · 353 千字
标准书号：ISBN 978-7-111-64602-0
定价：36.80元

电话服务	网络服务
客服电话：010 – 88361066	机 工 官 网：www.cmpbook.com
010 – 88379833	机 工 官 博：weibo.com/cmp1952
010 – 68326294	金 书 网：www.golden – book.com
封底无防伪标均为盗版	机工教育服务网：www.cmpedu.com

前 言

本书是在《工程制图训练与解答（上册）》的基础上，按照教育部高等学校工程图学教学指导委员会制定的《高等学校工程图学课程教学基本要求》，结合多年来编者及国内外工程制图教学改革实践的经验，根据几年间本书使用过程中的反馈信息进行了修订工作。本书除可供高等学校工科类各专业使用外，亦可供高等职业院校、成人教育学院、高等教育自学考试的学生及企业工程技术人员使用和参考。

本书以培养学生创新能力和综合素质为出发点，选材新颖，内容丰富全面，具有以下主要特点：

1. 贯彻现行《机械制图》和《技术制图》国家标准。

2. 在体系上按照知识点编撰，习题的编排由易到难、循序渐进，以适应不同专业和不同层次的教学需要。

3. 题目数量大，举一反三，灵活多变。带"*"题具有一定的深度和广度，拓宽了学生的知识面。

4. 本书配有习题解答和部分习题三维实体图，图形精美，编排新颖。三维实体模型真实形象有助于提高画图和读图能力，培养学生的空间想象能力和创造性思维，同时对学生自主学习也有很好的指导作用。

5. 题目与生产实际紧密结合，有较强的针对性、实用性。

6. 增加了组合体构型设计等内容。

本书由山东科技大学王农任主编，戚美、袁义坤、周虹任副主编，梁会珍任主审，其他参加编写的人员有王瑞、王逢德、王维硒、付琪琪、王伯韬。限于编者水平，书中难免存在错误和疏漏之处，恳求广大读者批评指正。

编　者

目 录

前言
一、直线的投影 …………………………………… 1
二、平面的投影 …………………………………… 9
三、直线与平面、平面与平面的相对位置 ………… 17
四、平面与平面立体相交 ………………………… 25
五、平面与曲面立体相交 ………………………… 33
六、多立体相交 …………………………………… 41
七、读组合体视图——补线 ……………………… 49
八、读组合体视图——补图 ……………………… 57
九、组合体的尺寸标注 …………………………… 65
十、组合体构型设计 ……………………………… 71
十一、轴测投影图 ………………………………… 75
十二、剖视图 ……………………………………… 83
十三、视图和断面图 ……………………………… 95
附录 A 部分章节三维实体图 …………………… 99
附录 B 自测试题及解答 ………………………… 103
参考文献 …………………………………………… 111

一、直线的投影（一）

1. 已知直线 AB 的实长为 12mm，求作其三面投影。
   （1）AB // W 面，β = 30°；点 B 在点 A 之下、之前。
   （2）AB ⊥ H 面，点 B 在点 A 之下。

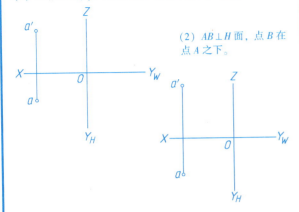

2. 由点 A 作直线 AB 与直线 CD 相交，并使交点距 H 面 10mm。

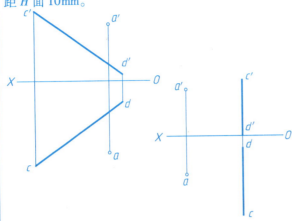

3. 过点 C 作直线 CD 与已知直线 AB 平行。过点 G 作直线 GH 与已知直线 EF 垂直相交。

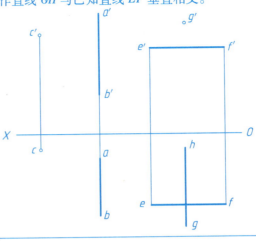

4. 已知直线 AB 的两面投影，试在 AB 上取一点 C，使点 C 距 V、H 两面的距离之比为 3:2。

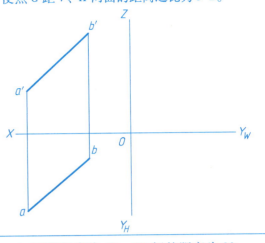

5. 在直线 AB 上找出点 C，使其与点 M、点 N 的距离相等。

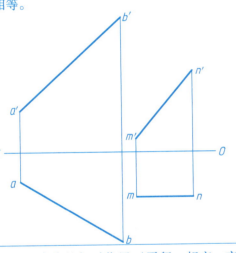

6. 求两交叉直线 AB、MN 间的距离。

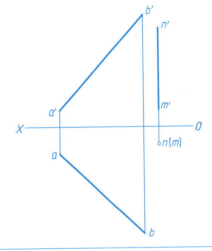

7. 完成矩形 ABCD 的水平投影。

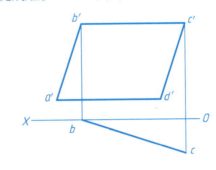

8. 两平行直线 AB、CD 间的距离为 20mm，作 AB 的水平投影（求一解）。

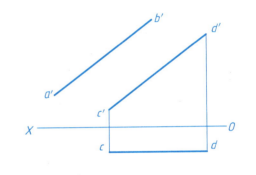

9. 判断两直线的相对位置（平行、相交、交叉、垂直相交）。

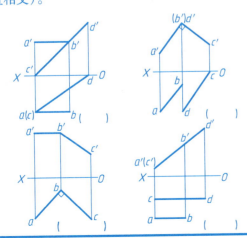

10. 判断两直线的相对位置（平行、相交、交叉）。

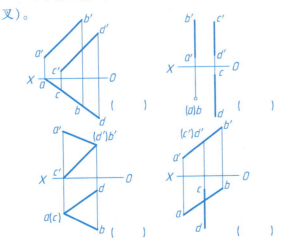

11. 判断下列各三角形是否为直角三角形。

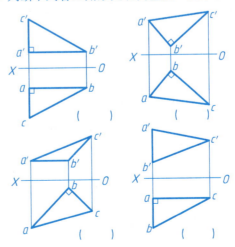

12. 判断每组图中由圆圈标记的线段是否为直线 AB 的实长。

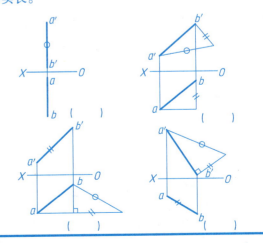

一、直线的投影（一）答案

1. 已知直线 AB 的实长为 12mm，求作其三面投影。
   (1) AB∥W 面，β=30°；点 B 在点 A 之下、之前。
   (2) AB⊥H 面，点 B 在点 A 之下。

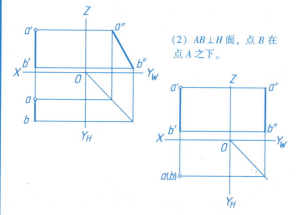

2. 由点 A 作直线 AB 与直线 CD 相交，并使交点距 H 面 10mm。

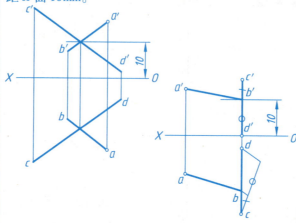

3. 过点 C 作直线 CD 与已知直线 AB 平行。过点 G 作直线 GH 与已知直线 EF 垂直相交。

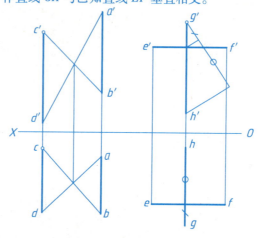

4. 已知直线 AB 的两面投影，试在 AB 上取一点 C，使点 C 距 V、H 两面的距离之比为 3：2。
   1) 求直线的侧面投影。
   2) 求点 C 的侧面投影。

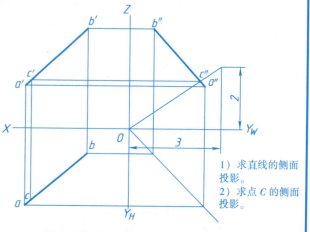

5. 在直线 AB 上找出点 C，使其与点 M、点 N 的距离相等。

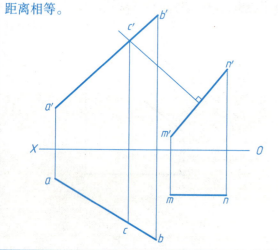

6. 求两交叉直线 AB、MN 间的距离。
   cd 即为所求

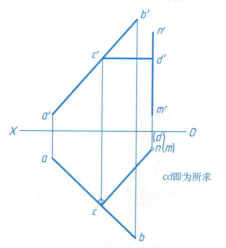

7. 完成矩形 ABCD 的水平投影。

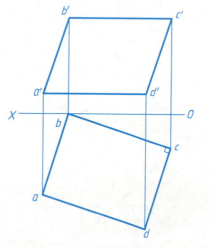

8. 两平行直线 AB、CD 间的距离为 20mm，作 AB 的水平投影（求一解）。

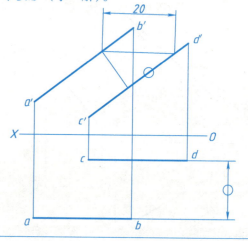

9. 判断两直线的相对位置（平行、相交、交叉、垂直相交）。

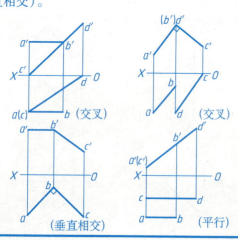

（交叉） （交叉）
（垂直相交） （平行）

10. 判断两直线的相对位置（平行、相交、交叉）。

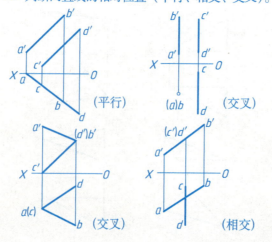

（平行） （交叉）
（交叉） （相交）

11. 判断下列各三角形是否为直角三角形。

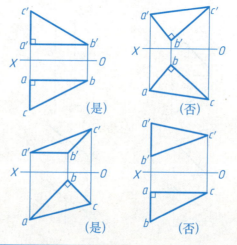

（是） （否）
（是） （否）

12. 判断每组图中由圆圈标记的线段是否为直线 AB 的实长。

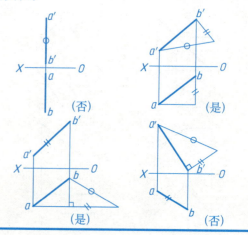

（否） （是）
（是） （否）

一、直线的投影（二）

1. 作直线 EF 平行于 OX 轴并与直线 AB、CD 相交（点 E、F 分别在直线 AB、CD 上）。

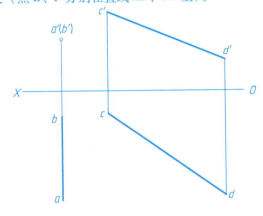

2. 作直线 CD 距 H 面 24mm，且与 OX 轴平行并与直线 AB 相交。

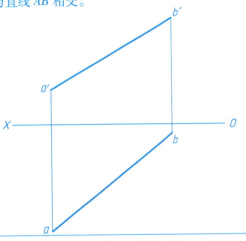

3. 求作直线 MN 平行于直线 AB，且与直线 CD、EF 相交。

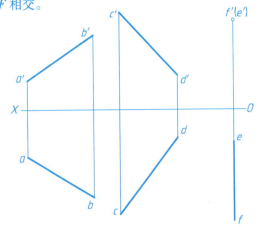

4. 过点 A 作直线 AB，使其平行于直线 DE，作直线 AC，使其与直线 DE 相交，其交点距 H 面 20mm。

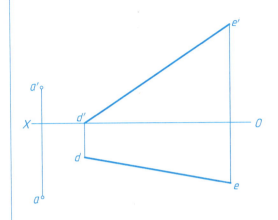

5. 作水平线 EF，距 H 面 18mm，并与直线 AB、CD 相交。

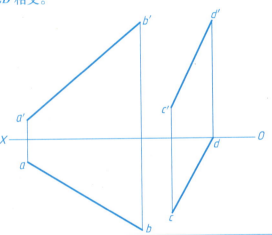

6. 已知直线 CD 与 AB 垂直相交，交点为点 C，试完成直线 CD 的三面投影。

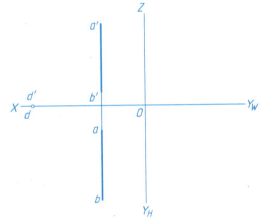

7. 作直线 EF 与直线 CD 平行，并与直线 AB 交于点 K，且 AK:KB = 2:3。

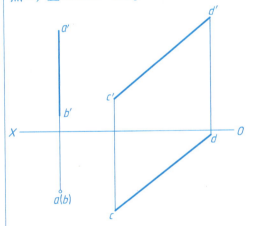

8. 过点 C 作一直线，与直线 AB 和 OZ 轴都相交。

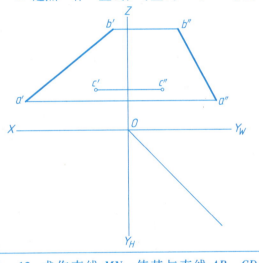

9. 过点 C 作水平线与直线 AB 相交，过点 E 作直线与直线 AB 平行。

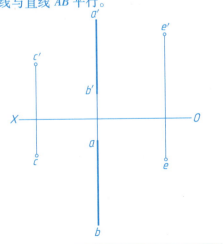

10. 作与已知直线 AB、CD 平行且相距均为 19mm 的直线 MN，并使 MN 的实长为 30mm，点 M 距 W 面 32mm，点 N 在点 M 之右（只求一解）。

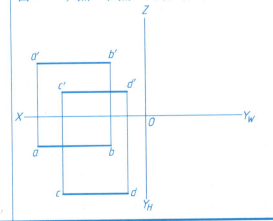

11. 求作直线 MN，使其与直线 AB、CD（水平线）、EF 都相交，且与直线 CD 垂直。

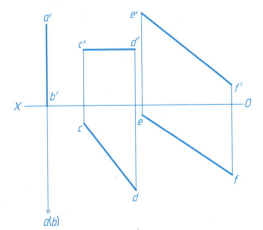

12. 求作直线 MN，使其与直线 AB、CD（水平线）、EF 都相交，且与直线 CD 垂直。

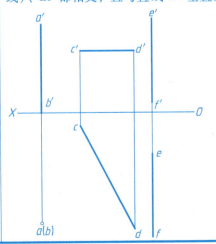

一、直线的投影（二）答案

1. 作直线 EF 平行于 OX 轴并与直线 AB、CD 相交（点 E、F 分别在直线 AB、CD 上）。

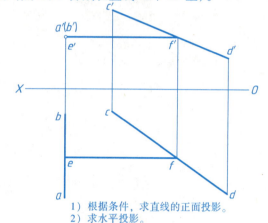

1) 根据条件，求直线的正面投影。
2) 求水平投影。

2. 作直线 CD 距 H 面 24mm，且与 OX 轴平行并与直线 AB 相交。

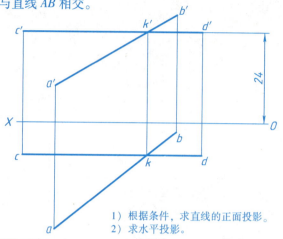

1) 根据条件，求直线的正面投影。
2) 求水平投影。

3. 求作直线 MN 平行于直线 AB，且与直线 CD、EF 相交。

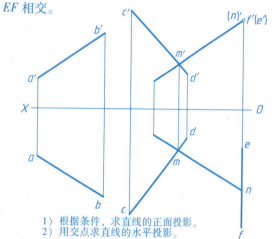

1) 根据条件，求直线的正面投影。
2) 用交点求直线的水平投影。

4. 过点 A 作直线 AB，使其平行于直线 DE，作直线 AC，使其与直线 DE 相交，其交点距 H 面 20mm。

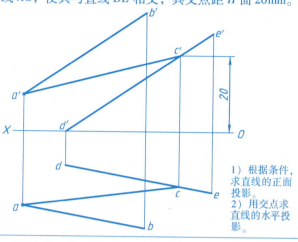

1) 根据条件，求直线的正面投影。
2) 用交点求直线的水平投影。

5. 作水平线 EF，距 H 面 18mm，并与直线 AB、CD 相交。

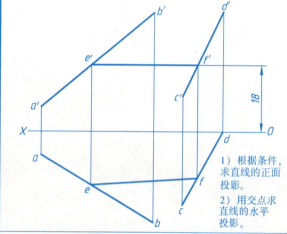

1) 根据条件，求直线的正面投影。
2) 用交点求直线的水平投影。

6. 已知直线 CD 与 AB 垂直相交，交点为点 C，试完成直线 CD 的三面投影。

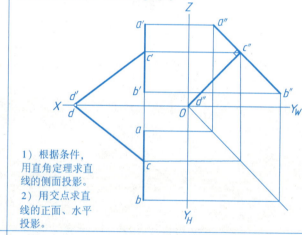

1) 根据条件，用直角定理求直线的侧面投影。
2) 用交点求直线的正面、水平投影。

7. 作直线 EF 与直线 CD 平行，并与直线 AB 交于点 K，且 AK∶KB = 2∶3。

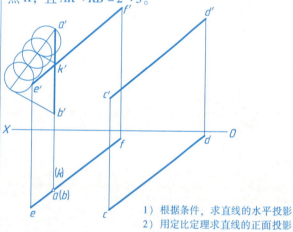

1) 根据条件，求直线的水平投影。
2) 用定比定理求直线的正面投影。

8. 过点 C 作一直线，与直线 AB 和 OZ 轴都相交。

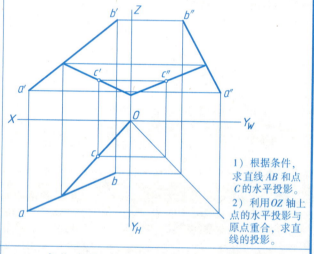

1) 根据条件，求直线 AB 和点 C 的水平投影。
2) 利用 OZ 轴上点的水平投影与原点重合，求直线的投影。

9. 过点 C 作水平线与直线 AB 相交，过点 E 作直线与直线 AB 平行。

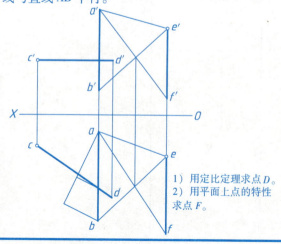

1) 用定比定理求点 D。
2) 用平面上点的特性求点 F。

10. 作与已知直线 AB、CD 平行且相距均为 19mm 的直线 MN，并使 MN 的实长为 30mm，点 M 距 W 面 32mm，点 N 在点 M 之右（只求一解）。

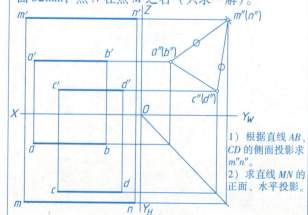

1) 根据直线 AB、CD 的侧面投影求 m″n″。
2) 求直线 MN 的正面、水平投影。

11. 求作直线 MN，使其与直线 AB、CD（水平线）、EF 都相交，且与直线 CD 垂直。

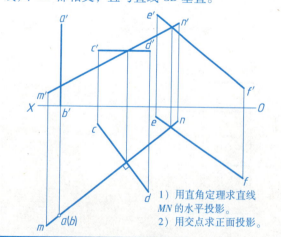

1) 用直角定理求直线 MN 的水平投影。
2) 用交点求正面投影。

12. 求作直线 MN，使其与直线 AB、CD（水平线）、EF 都相交，且与直线 CD 垂直。

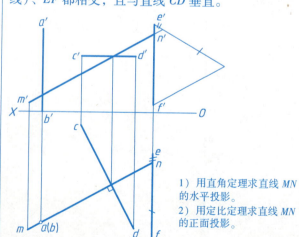

1) 用直角定理求直线 MN 的水平投影。
2) 用定比定理求直线 MN 的正面投影。

一、直线的投影（三）

1. 已知直线 AB 与 CD 为相交两直线，点 B 在 H 面内，点 D 距 V 面 10mm，试完成直线 AB 与 CD 的两面投影。

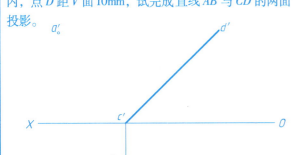

2. 已知直线 AC 为等腰 △ABC 的腰，底在直线 NC 上，点 A 在 H 面上，作出等腰 △ABC 的两面投影。

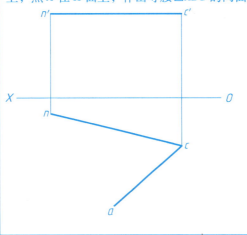

3. 作直线 MN，与已知直线 AB、CD 都相交，且平行于直线 EF。

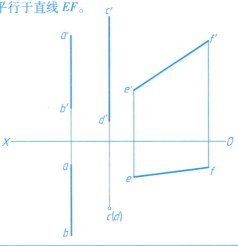

4. 作直线 CD 的两面投影，直线 CD 与 V 面夹角等于 30°，点 D 在直线 AB 上（求一解）。

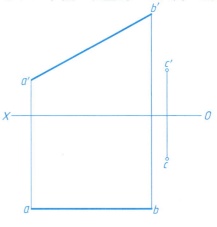

5. 求点 A 到直线 CD 距离的实长。

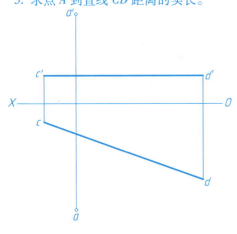

6. 已知 AB 的实长为 36mm，试作直线 CD 与 AB 交于点 D，并使 AD 的实长等于 30mm。

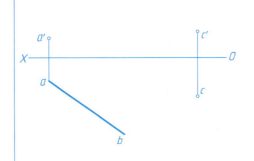

7. 已知水平线 AD 是等腰 △ABC 底边 BC 的高，点 B 在 V 面前 7mm，点 C 在 H 面内，求作等腰 △ABC 的两面投影。

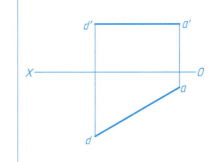

8. 已知水平线 AB 的两面投影及点 C 的两面投影，求作直线 CD，使其与直线 AB 相交且与 H 面成 30°夹角（只作一解）。

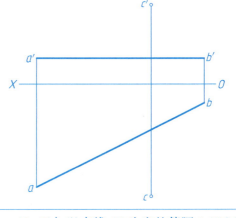

9. 已知直线 AC 为菱形 ABCD 的一条对角线，并知一个顶点 D 属于直线 MN，求作菱形的投影。

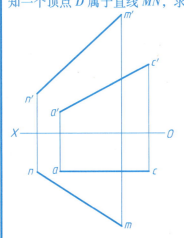

10. 已知直线 CD 的两面投影，试定出属于直线 CD 的点 E 的投影，使 CE 的长度等于 30mm。

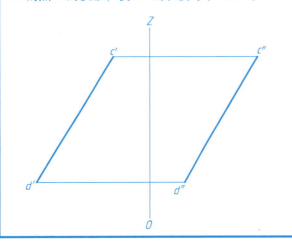

11. 已知直线 AB 和 BC 相交，直线 AB 和 BC 与 V 面的倾角均为 30°，试完成直线 AB 和 BC 的 V 面和 H 面投影（只作一解）。

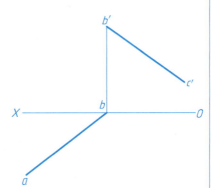

12. 已知以直线 AB 为底的等腰 △ABC 的高 34mm，且顶点 C 在 H 面上，作出等腰 △ABC 的两面投影。

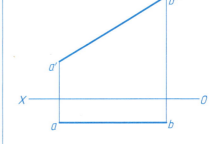

一、直线的投影（三）答案

1. 已知直线 AB 与 CD 为相交两直线，点 B 在 H 面内，点 D 距 V 面 10mm，试完成直线 AB 与 CD 的两面投影。

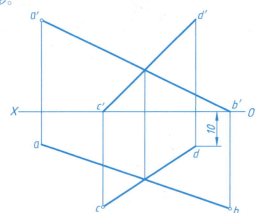

2. 已知直线 AC 为等腰△ABC 的腰，底在直线 NC 上，点 A 在 H 面上，作出等腰△ABC 的两面投影。

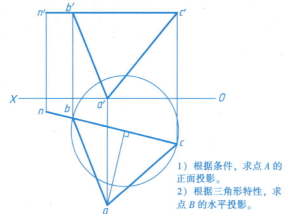

1）根据条件，求点 A 的正面投影。
2）根据三角形特性，求点 B 的水平投影。

3. 作直线 MN，与已知直线 AB、CD 都相交，且平行于直线 EF。

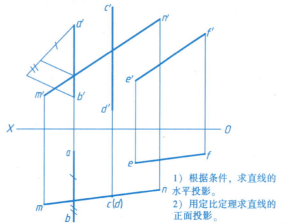

1）根据条件，求直线的水平投影。
2）用定比定理求直线的正面投影。

4. 作直线 CD 的两面投影，直线 CD 与 V 面夹角等于 30°，点 D 在直线 AB 上（求一解）。

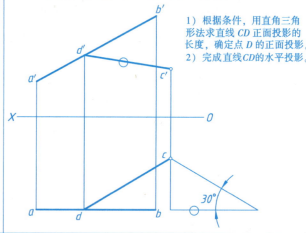

1）根据条件，用直角三角形法求直线 CD 正面投影的长度，确定点 D 的正面投影。
2）完成直线 CD 的水平投影。

5. 求点 A 到直线 CD 距离的实长。

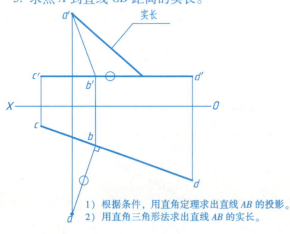

1）根据条件，用直角定理求出直线 AB 的投影。
2）用直角三角形法求出直线 AB 的实长。

6. 已知 AB 的实长为 36mm，试作直线 CD 与 AB 交于点 D，并使 AD 等于 30mm。

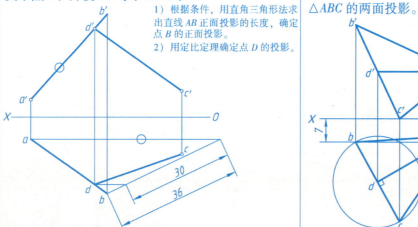

1）根据条件，用直角三角形法求出直线 AB 正面投影的长度，确定点 B 的正面投影。
2）用定比定理确定点 D 的投影。

7. 已知水平线 AD 是等腰△ABC 底边 BC 的高，点 B 在 V 面前 7mm，点 C 在 H 面内，求作等腰△ABC 的两面投影。

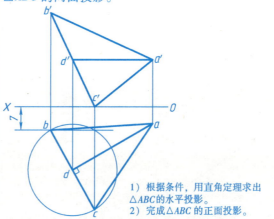

1）根据条件，用直角定理求出△ABC 的水平投影。
2）完成△ABC 的正面投影。

8. 已知水平线 AB 的两面投影及点 C 的两面投影，求作直线 CD，使其与直线 AB 相交且与 H 面成 30°夹角（只作一解）。

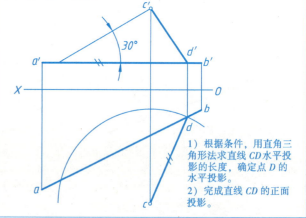

1）根据条件，用直角三角形法求直线 CD 水平投影的长度，确定点 D 的水平投影。
2）完成直线 CD 的正面投影。

9. 已知直线 AC 为菱形 ABCD 的一条对角线，并知一个顶点 D 属于直线 MN，求作菱形的投影。

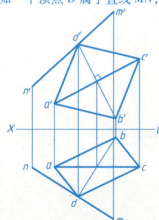

1）根据条件，用直角定理求出直线 DB 的正面投影。
2）完成直线 DB 的投影。

10. 已知直线 CD 的两面投影，试定出属于直线 CD 的点 E 的投影，使 CE 的长度等于 30mm。

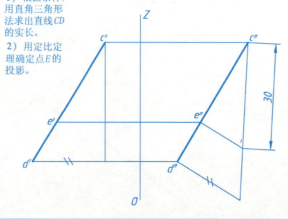

1）根据条件，用直角三角形法求出直线 CD 的实长。
2）用定比定理确定点 E 的投影。

11. 已知直线 AB 和 BC 相交，直线 AB 和 BC 与 V 面的倾角均为 30°，试完成直线 AB 和 BC 的 V 面和 H 面投影（只作一解）。

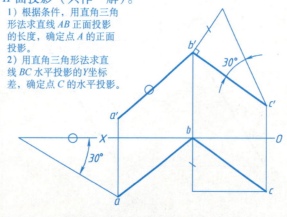

1）根据条件，用直角三角形法求直线 AB 正面投影的长度，确定点 A 的正面投影。
2）用直角三角形法求直线 BC 水平投影的 Y 坐标差，确定点 C 的水平投影。

12. 已知以直线 AB 为底的等腰△ABC 的高 34mm，且顶点 C 在 H 面上，作出等腰△ABC 的两面投影。

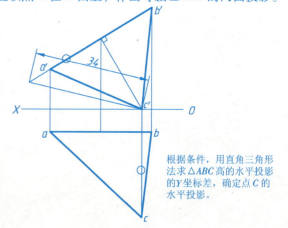

根据条件，用直角三角形法求△ABC 高的水平投影的 Y 坐标差，确定点 C 的水平投影。

一、直线的投影（四）

1. 已知直线 AC 是正方形的对角线，另一对角线 BD 为侧平线，试完成正方形的投影。

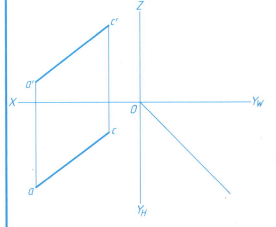

2. 完成正方形 ABCD 的投影，点 A 在点 B 之下。

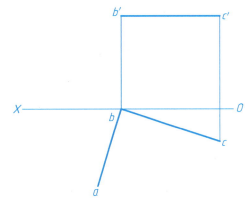

3. 已知直线 AB 上点 C 距直线 MN 的距离为 26mm，求直线 AB 的水平投影，点 A 在点 B 之后。

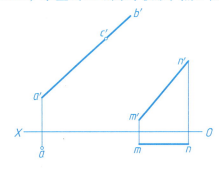

4. 已知以直线 AB 为底的等腰 △ABC 的高 CD 为 30mm，且直线 CD 对 V 面的倾角为 30°，点 C 在点 A 之上，试完成等腰 △ABC 的投影。

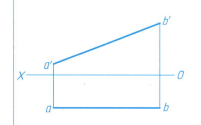

5. 求作正方形 ABCD 的两面投影，已知直线 BC 为正平线。

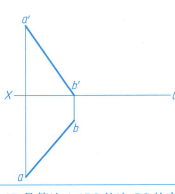

6. 完成正方形 ABCD 的正面投影，直线 AB 与 V 面的夹角为 30°，且点 A 在点 B 之前、之下。

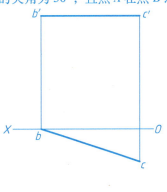

7. 已知点 C 在 H 面上，作出等边 △ABC 的两面投影。

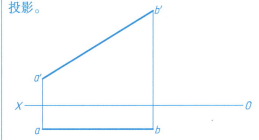

*8. 已知直线 AC 为菱形 ABCD 的一条对角线，并知另一条对角线 BD 的长度为 33mm，且直线 BD 对 V 面的倾角为 30°，点 D 在点 A 之上，试完成菱形 ABCD 的投影。

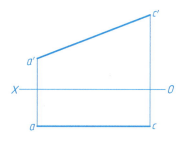

*9. 已知水平线 AD 是等边 △ABC 的边 BC 的高，点 C 在 H 面内，求等边 △ABC 的两面投影。

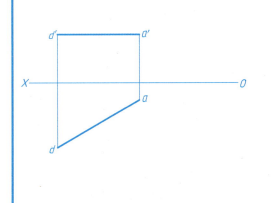

*10. 已知直线 AC 为正方形 ABCD 的一条对角线，另一条对角线 BD 在直线 MN 上，求作正方形 ABCD 的投影。

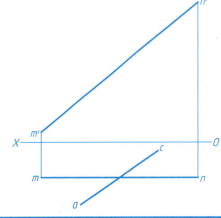

*11. 已知直线 AC 为等腰直角 △ABC 的斜边，直角边 BC 在直线 NC 上，试作出等腰直角 △ABC 的两面投影。

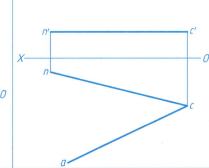

*12. 已知直角 △ABC 的一条直角边 BC 在直线 MN 上，另一直角边为 AB，且知 AB∶BC=3∶2，试完成直角 △ABC 的两面投影。

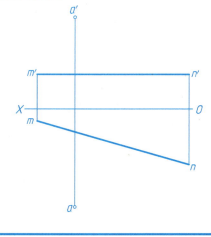

一、直线的投影（四）答案

1. 已知直线 AC 是正方形的对角线，另一对角线 BD 为侧平线，试完成正方形的投影。

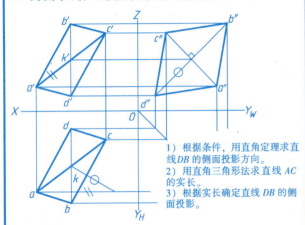

1) 根据条件，用直角定理求直线 DB 的侧面投影方向。
2) 用直角三角形法求直线 AC 的实长。
3) 根据实长确定直线 DB 的侧面投影。

2. 完成正方形 ABCD 的投影，点 A 在点 B 之下。

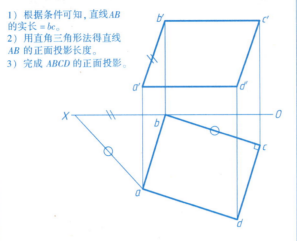

1) 根据条件可知，直线 AB 的实长 = bc。
2) 用直角三角形法得直线 AB 的正面投影长度。
3) 完成 ABCD 的正面投影。

3. 已知直线 AB 上点 C 距直线 MN 的距离为 26mm，求直线 AB 的水平投影，点 A 在点 B 之后。

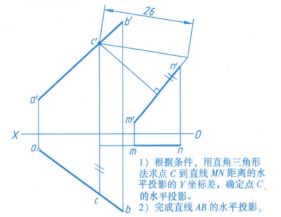

1) 根据条件，用直角三角形法求点 C 到直线 MN 距离的水平投影的 Y 坐标差，确定点 C 的水平投影。
2) 完成直线 AB 的水平投影。

4. 已知以直线 AB 为底的等腰 △ABC 的高 CD 为 30mm，且直线 CD 对 V 面的倾角为 30°，点 C 在点 A 之上，试完成等腰 △ABC 的投影。

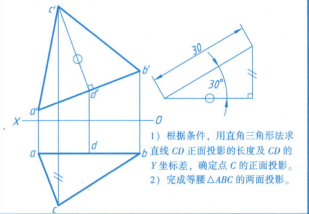

1) 根据条件，用直角三角形法求直线 CD 正面投影的长度及 CD 的 Y 坐标差，确定点 C 的正面投影。
2) 完成等腰 △ABC 的两面投影。

5. 求作正方形 ABCD 的两面投影，已知直线 BC 为正平线。

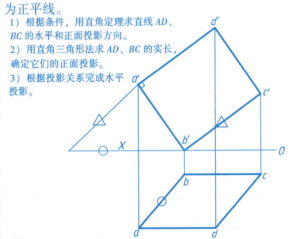

1) 根据条件，用直角定理求直线 AD、BC 的水平和正面投影方向。
2) 用直角三角形法求直线 AD、BC 的实长，确定它们的正面投影。
3) 根据投影关系完成水平投影。

6. 完成正方形 ABCD 的正面投影，直线 AB 与 V 面的夹角为 30°，且点 A 在点 B 之前、之下。

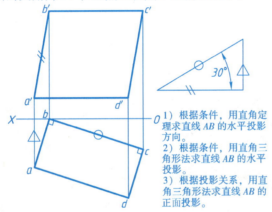

1) 根据条件，用直角定理求直线 AB 的水平投影方向。
2) 根据条件，用直角三角形法求直线 AB 的水平投影。
3) 根据投影关系，用直角三角形法求直线 AB 的正面投影。

7. 已知点 C 在 H 面上，作出等边 △ABC 的两面投影。

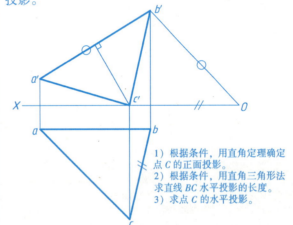

1) 根据条件，用直角定理确定点 C 的正面投影。
2) 根据条件，用直角三角形法求直线 BC 水平投影的长度。
3) 求点 C 的水平投影。

*8. 已知直线 AC 为菱形 ABCD 的一条对角线，并知另一条对角线 BD 的长度为 33mm，且直线 BD 对 V 面的倾角为 30°，点 D 在点 A 之上，试完成菱形 ABCD 的投影。

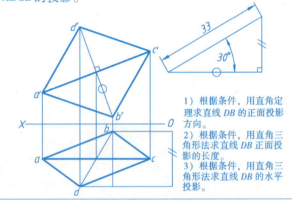

1) 根据条件，用直角定理求直线 DB 的正面投影方向。
2) 根据条件，用直角三角形法求直线 DB 正面投影的长度。
3) 根据条件，用直角三角形法求直线 DB 的水平投影。

*9. 已知水平线 AD 是等边 △ABC 的边 BC 的高，点 C 在 H 面内，求等边 △ABC 的两面投影。

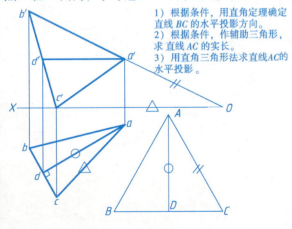

1) 根据条件，用直角定理确定直线 BC 的水平投影方向。
2) 根据条件，作辅助三角形，求直线 AC 的实长。
3) 用直角三角形法求直线 AC 的水平投影。

*10. 已知直线 AC 为正方形 ABCD 的一条对角线，另一条对角线 BD 在直线 MN 上，求作正方形 ABCD 的投影。

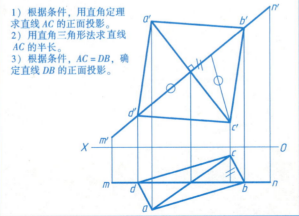

1) 根据条件，用直角定理求直线 AC 的正面投影。
2) 用直角三角形法求直线 AC 的半长。
3) 根据条件，AC = DB，确定直线 DB 的正面投影。

*11. 已知直线 AC 为等腰直角 △ABC 的斜边，直角边 BC 在直线 NC 上，试作出等腰直角 △ABC 的两面投影。

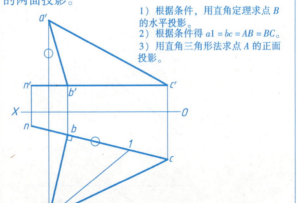

1) 根据条件，用直角定理求出 B 的水平投影。
2) 根据条件得 a1 = bc = AB = BC。
3) 用直角三角形法求点 A 的正面投影。

*12. 已知直角 △ABC 的一条直角边 BC 在直线 MN 上，另一直角边为 AB，且知 AB : BC = 3 : 2，试完成直角 △ABC 的两面投影。

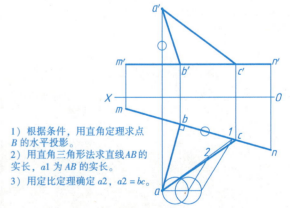

1) 根据条件，用直角定理求点 B 的水平投影。
2) 用直角三角形法求直线 AB 的实长，a1 为 AB 的实长。
3) 用定比定理确定 a2，a2 = bc。

二、平面的投影（一）

1. 已知处于正垂面位置的正方形 ABCD 与 H 面的夹角 α = 45°，左下边为 AB，试补全正方形的两面投影。已知处于正平面位置的等边 △EFG 的上方顶点 E，下方的边 FG 为侧垂线，边长 21mm，试补全 △EFG 的两面投影。

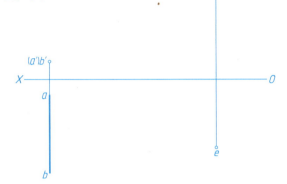

2. 已知 △ABC 的水平投影，试完成另外两个投影（只求一解）。（1）正垂面 α = 30°；（2）侧垂面 β = 60°。

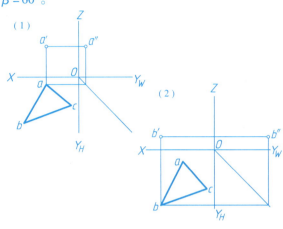

3. 作图判断 A、B、C、D 四点是否共面。

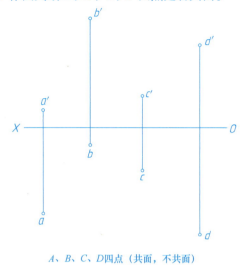

A、B、C、D 四点（共面，不共面）

4. 完成平面五边形 ABCDE 的水平投影。

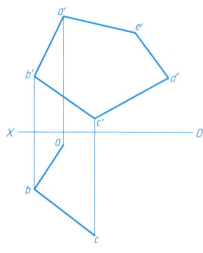

5. 已知 △EFG 在 ABCD 平面内，试求其水平投影。

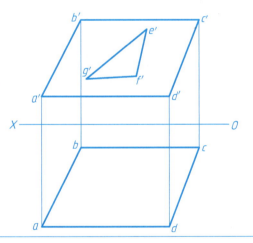

6. 已知直线 BD 是平面 ABC 内的水平线，求平面 ABC 的正面投影。

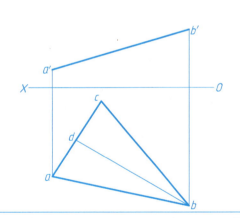

7. 完成平面图形 ABCDE 的水平投影。

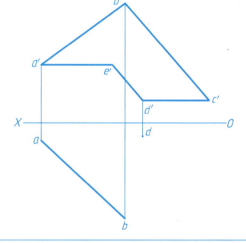

8. 已知平面 ABC 属于平面 EFGH，试完成平面 ABC 的水平投影。

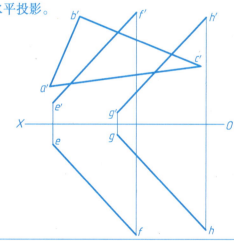

9. 试完成 △ABC 的水平投影（已知直线 AD 为平面 ABC 内的一条水平线）。

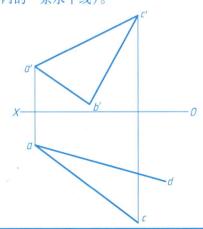

10. 完成平面 ABC 的投影，点 A 与 V、H 面等距，点 B 距 H 面 4mm。

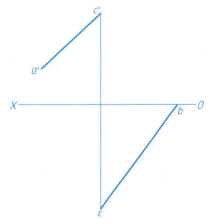

11. 求平面 ABCD 上点 K 和 N 的另一投影。

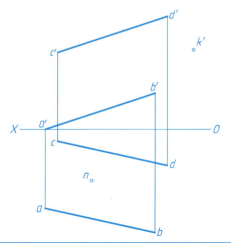

12. 完成缺口 △ABC 的正面投影。

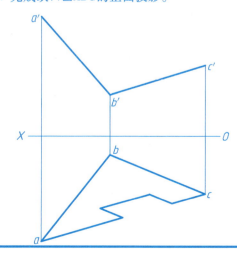

二、平面的投影（一）答案

1. 已知处于正垂面位置的正方形 ABCD 与 H 面的夹角 α = 45°，左下边为 AB，试补全正方形的两面投影。已知处于正平面位置的等边 △EFG 的上方顶点 E，下方的边 FG 为侧垂线，边长 21 mm，试补全 △EFG 的两面投影。

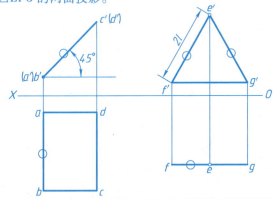

2. 已知 △ABC 的水平投影，试完成另外两个投影（只求一解）。（1）正垂面 α = 30°；（2）侧垂面 β = 60°。

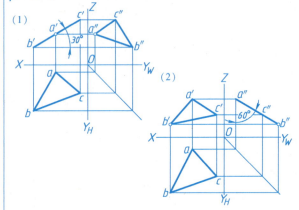

3. 作图判断 A、B、C、D 四点是否共面。

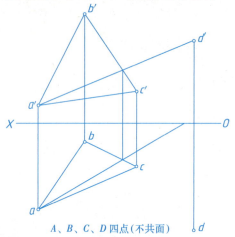

A、B、C、D 四点（不共面）

4. 完成平面五边形 ABCDE 的水平投影。

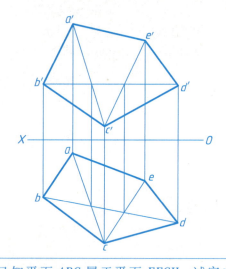

5. 已知 △EFG 在 ABCD 平面内，试求其水平投影。

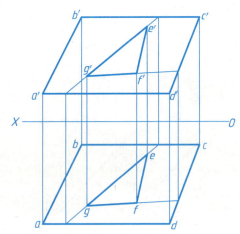

6. 已知直线 BD 是平面 ABC 内的水平线，求平面 ABC 的正面投影。

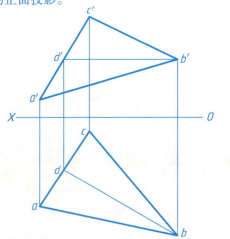

7. 完成平面图形 ABCDE 的水平投影。

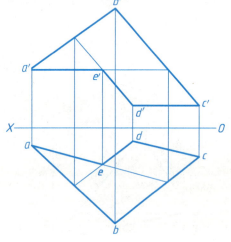

8. 已知平面 ABC 属于平面 EFGH，试完成平面 ABC 的水平投影。

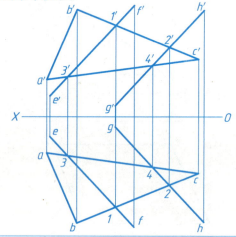

9. 试完成 △ABC 的水平投影（已知直线 AD 为平面 ABC 内的一条水平线）。

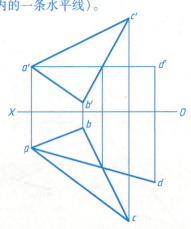

10. 完成平面 ABC 的投影，点 A 与 V、H 面等距，点 B 距 H 面 4 mm。

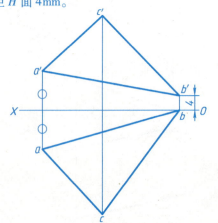

11. 求平面 ABCD 上点 K 和 N 的另一投影。

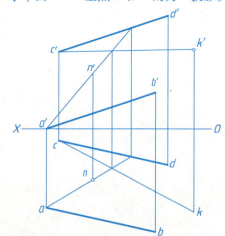

12. 完成缺口 △ABC 的正面投影。

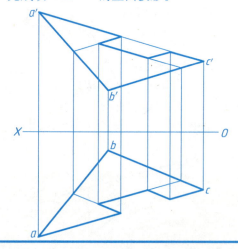

二、平面的投影（二）

1. 三条平行线属于同一平面，求直线 CD 的正面投影。

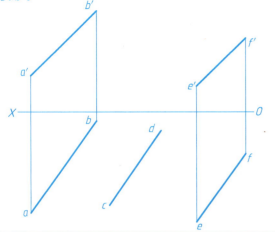

2. 完成平面 ABC 的投影，点 A 在 V 面上，点 B 在 H 面上。

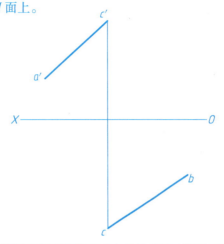

3. 完成平面图形 ABCDEFGH 的三面投影。

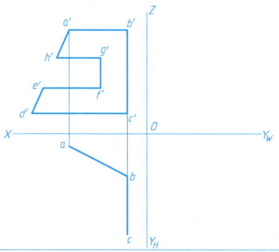

4. 已知直线 MN 属于 △ABC，试作出直线 MN 的三面投影。

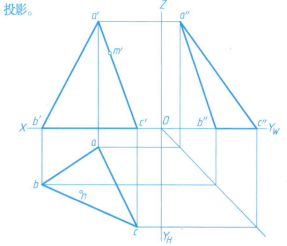

5. 已知 ABCD 为一正方形，求作它的水平投影。（只求一解）。

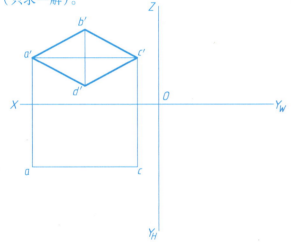

6. 在 △ABC 内找一点，使其距 V 面 20mm，距 W 面 17mm。

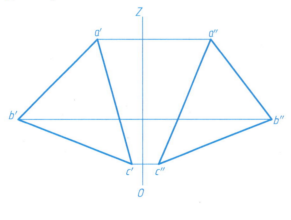

7. 已知 △ABC 属于平面 STUV，直线 AB 是水平线且 AB = 16mm，试完成 △ABC 的两面投影。

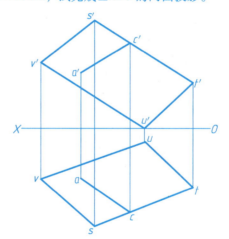

8. 求以直线 AC 为底的等腰 △ABC 的水平投影。

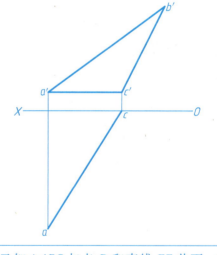

9. 试完成平面（相交两直线）内三角形的正面投影。

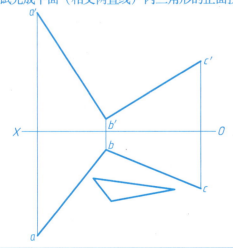

10. 直线 AB 与 △CDE 属于同一平面，求其水平投影。

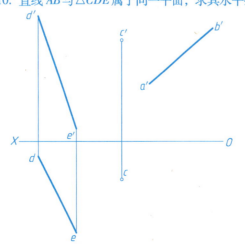

11. 五边形 ABCDE 为平面图形，BC∥H 面，AE∥BC，试完成其正面投影。

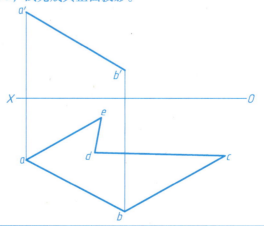

12. 已知 △ABC 与点 D 和直线 EF 共面，试完成 △ABC 的水平投影。

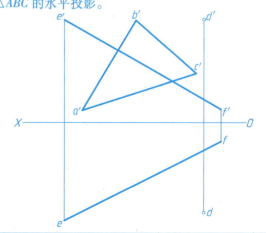

二、平面的投影（二）答案

1. 三条平行线属于同一平面，求直线 CD 的正面投影。

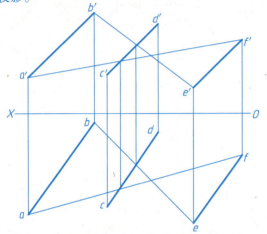

2. 完成平面 ABC 的投影，点 A 在 V 面上，点 B 在 H 面上。

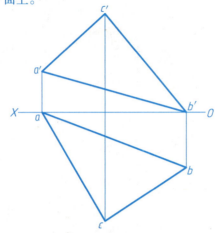

3. 完成平面图形 ABCDEFGH 的三面投影。

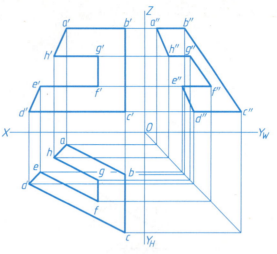

4. 已知直线 MN 属于△ABC，试作出直线 MN 的三面投影。

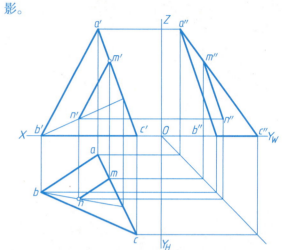

5. 已知 ABCD 为一正方形，求作它的水平投影（只求一解）。

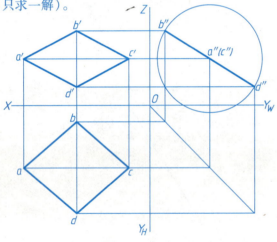

6. 在△ABC 内找一点，使其距 V 面 20mm，距 W 面 17mm。

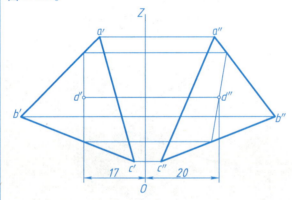

7. 已知△ABC 属于平面 STUV，直线 AB 是水平线且 AB=16mm，试完成△ABC 的两面投影。

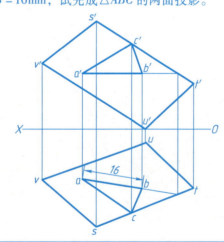

8. 求以直线 AC 为底的等腰△ABC 的水平投影。

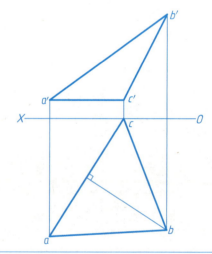

9. 试完成平面（相交两直线）内三角形的正面投影。

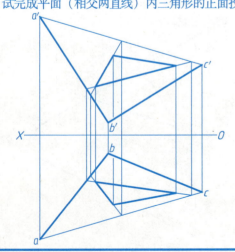

10. 直线 AB 与△CDE 属于同一平面，求其水平投影。

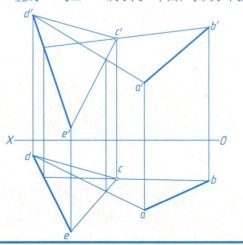

11. 五边形 ABCDE 为平面图形，BC∥H 面，AE∥BC，试完成其正面投影。

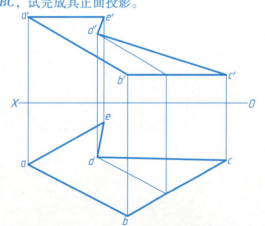

12. 已知△ABC 与点 D 和直线 EF 共面，试完成△ABC 的水平投影。

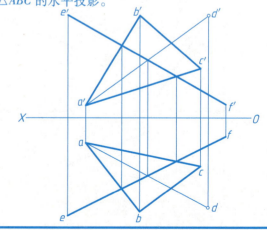

二、平面的投影（三）

1. 在△ABC上作出与W、H两投影面等距离点的轨迹。

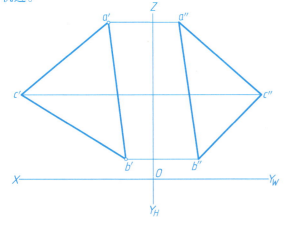

2. 已知△ABC的两面投影，要求（1）在△ABC内作直线AD平行于W面，并使AD=36mm；（2）正平线CE在△ABC平面内，求其V面投影。

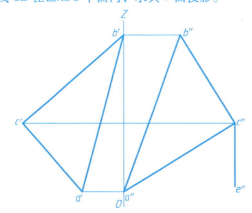

3. 已知△ABC和△DEF共面，求△ABC的正面投影及其内点K的投影。

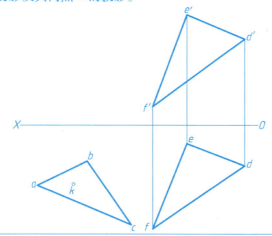

4. 已知点K为△ABC上距H面18mm的点，试完成△ABC的正面投影。

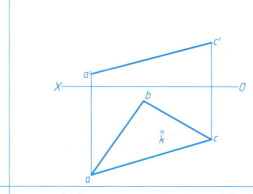

5. 已知点E在平面ABCD内，试完成平面ABCD的水平投影。

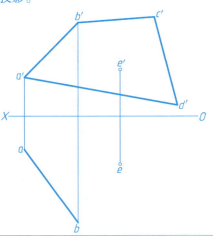

6. 完成铅垂面ABC的正面投影。

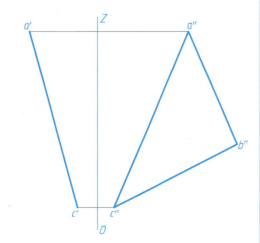

7. 已知菱形对角线AC的投影及点B的水平投影，试完成菱形ABCD的投影。

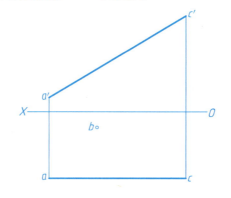

8. 已知菱形ABCD的水平投影，求其正面投影（直线AC为正平线）。

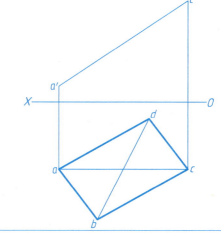

9. 判断平面上直线与投影面的相对位置。

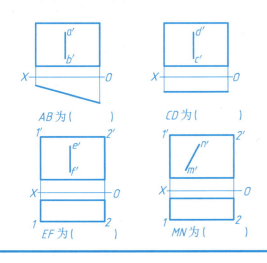

AB为（　）　CD为（　）
EF为（　）　MN为（　）

10. 判断平面上直线与投影面的相对位置。

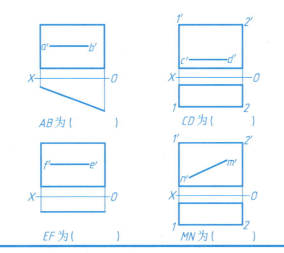

AB为（　）　CD为（　）
EF为（　）　MN为（　）

11. 判断平面上直线与投影面的相对位置。

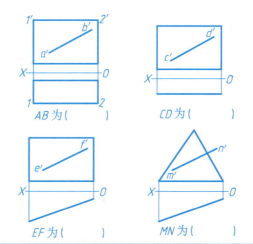

AB为（　）　CD为（　）
EF为（　）　MN为（　）

12. 在△ABC上作出与V、H两投影面等距离点的轨迹MN。

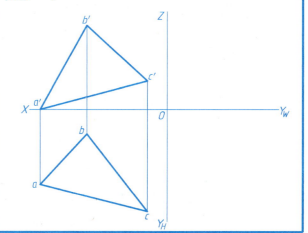

二、平面的投影（三）答案

1. 在△ABC上作出与W、H两投影面等距离点的轨迹。

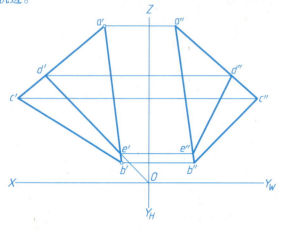

2. 已知△ABC的两面投影，要求（1）在△ABC内作直线AD平行于W面，并使AD=36mm；（2）正平线CE在△ABC平面内，求其V面投影。

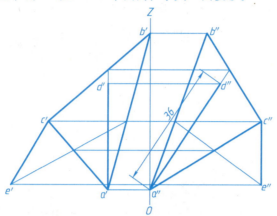

3. 已知△ABC和△DEF共面，求△ABC的正面投影及其内点K的投影。

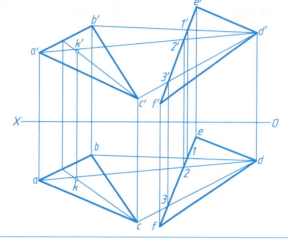

4. 已知点K为△ABC上距H面18mm的点，试完成△ABC的正面投影。

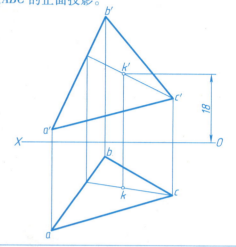

5. 已知点E在平面ABCD内，试完成平面ABCD的水平投影。

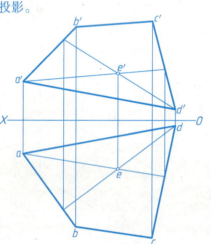

6. 完成铅垂面ABC的正面投影。

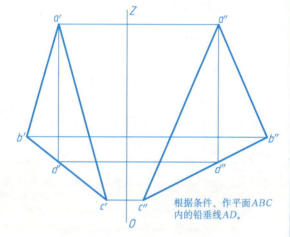

根据条件、作平面ABC内的铅垂线AD。

7. 已知菱形对角线AC的投影及点B的水平投影，试完成菱形ABCD的投影。

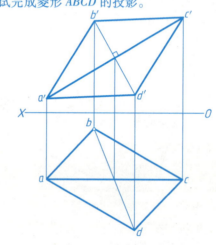

8. 已知菱形ABCD的水平投影，求其正面投影（直线AC为正平线）。

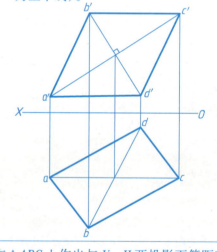

9. 判断平面上直线与投影面的相对位置。

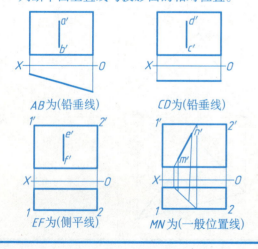

AB为（铅垂线）　　CD为（铅垂线）

EF为（侧平线）　　MN为（一般位置线）

10. 判断平面上直线与投影面的相对位置。

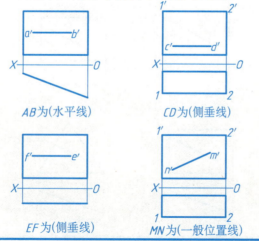

AB为（水平线）　　CD为（侧垂线）

EF为（侧垂线）　　MN为（一般位置线）

11. 判断平面上直线与投影面的相对位置。

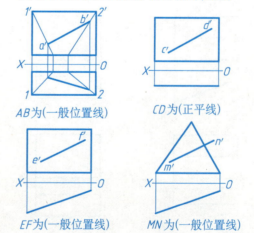

AB为（一般位置线）　CD为（正平线）

EF为（一般位置线）　MN为（一般位置线）

12. 在△ABC上作出与V、H两投影面等距离点的轨迹MN。

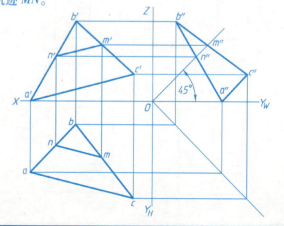

二、平面的投影（四）

1. 已知直线 EF 为 △ABC 上与点 A、B 等距离点的轨迹，试完成 △ABC 的正面投影。

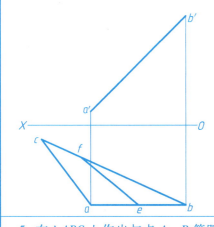

2. 已知直线 EF 为 △ABC 上与 V、W 投影面等距离点的轨迹，试完成 △ABC 的水平投影。

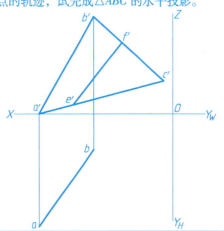

3. 在 △ABC 上作出与 V、W 投影面等距离、与 H 投影面距离 9mm 的点 K 的两面投影。

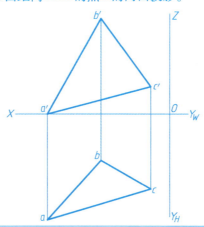

4. 在 △ABC 上作出与 V、H、W 投影面等距离的点 K 的两面投影。

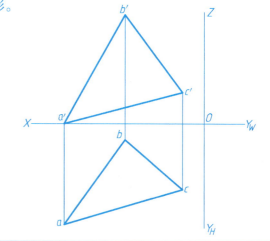

5. 在 △ABC 上作出与点 A、B 等距离、与 V 投影面距离 20mm 的点 K 的两面投影。

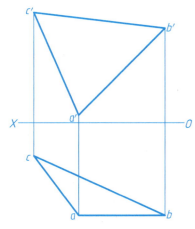

6. 求 △ABC 的实形。

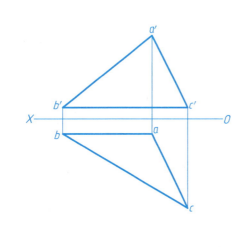

7. 已知平面 ABCD 的边 CD∥H 面，试完成其正面投影。

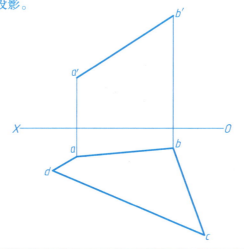

8. 已知平面四边形 ABCD，其中直线 DC 为正平线，试完成平面四边形 ABCD 的水平投影。

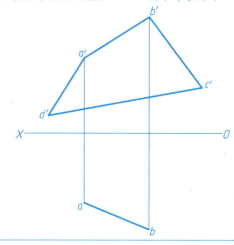

9. 已知点 D 为 △ABC 上与 A、C 两点等距离的点，试完成 △ABC 的水平投影。

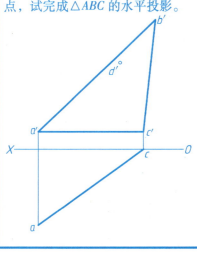

10. 已知点 D 是 △ABC 上与 H、W 投影面等距离的点，试完成 △ABC 的水平投影。

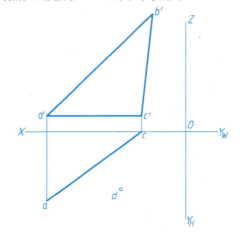

11. 已知直线 BD 是 △ABC 上与 W、H 两投影面等距离点的轨迹，点 A 与 W、V 两投影面等距离，试完成 △ABC 的投影。

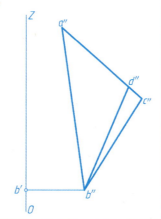

12. 已知直线 BD 是 △ABC 上与 W、H 两投影面等距离点的轨迹，试完成 △ABC 的投影。

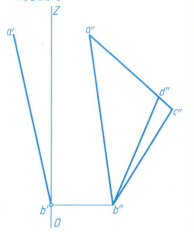

二、平面的投影（四）答案

1. 已知直线 EF 为 △ABC 上与点 A、B 等距离点的轨迹，试完成 △ABC 的正面投影。

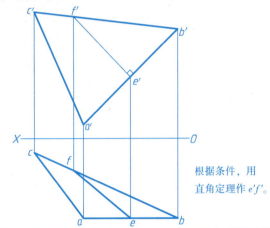

根据条件，用直角定理作 e'f'。

2. 已知直线 EF 为 △ABC 上与 V、W 投影面等距离点的轨迹，试完成 △ABC 的水平投影。

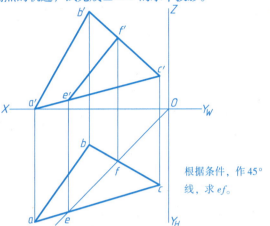

根据条件，作 45° 线，求 ef。

3. 在 △ABC 上作出与 V、W 投影面等距离、与 H 投影面距离 9mm 的点 K 的两面投影。

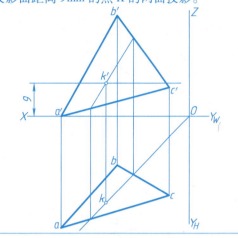

4. 在 △ABC 上作出与 V、H、W 投影面等距离的点 K 的两面投影。

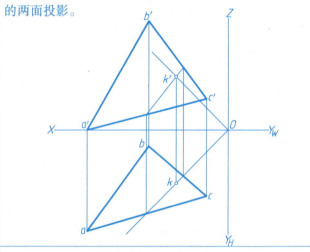

5. 在 △ABC 上作出与点 A、B 等距离、与 V 投影面距离 20mm 的点 K 的两面投影。

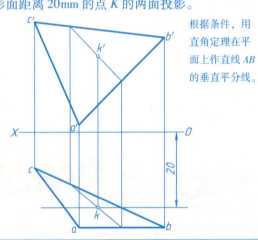

根据条件，用直角定理在平面上作直线 AB 的垂直平分线。

6. 求 △ABC 的实形。

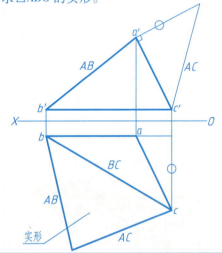

7. 已知平面 ABCD 的边 CD∥H 面，试完成其正面投影。

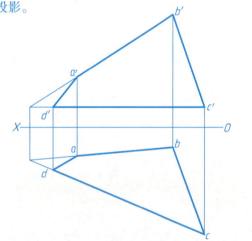

8. 已知平面四边形 ABCD，其中直线 DC 为正平线，试完成平面四边形 ABCD 的水平投影。

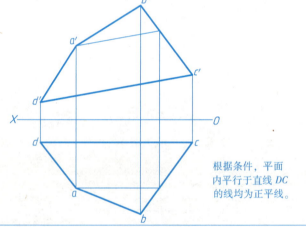

根据条件，平面内平行于直线 DC 的线均为正平线。

9. 已知点 D 为 △ABC 上与 A、C 两点等距离的点，试完成 △ABC 的水平投影。

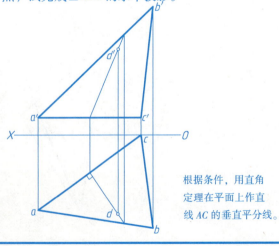

根据条件，用直角定理在平面上作直线 AC 的垂直平分线。

10. 已知点 D 是 △ABC 上与 H、W 投影面等距离的点，试完成 △ABC 的水平投影。

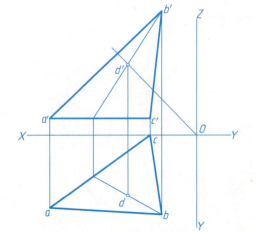

11. 已知直线 BD 是 △ABC 上与 W、H 两投影面等距离点的轨迹，点 A 与 W、V 两投影面等距离，试完成 △ABC 的投影。

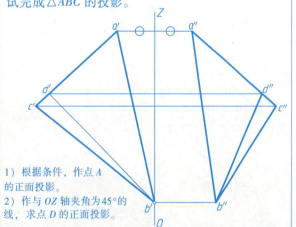

1) 根据条件，作点 A 的正面投影。
2) 作与 OZ 轴夹角为 45° 的线，求点 D 的正面投影。

12. 已知直线 BD 是 △ABC 上与 W、H 两投影面等距离点的轨迹，试完成 △ABC 的投影。

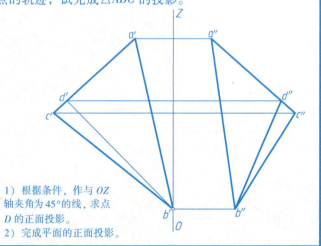

1) 根据条件，作与 OZ 轴夹角为 45° 的线，求点 D 的正面投影。
2) 完成平面的正面投影。

三、直线与平面、平面与平面的相对位置（一）

1. 已知平面 ABC 与直线 EF 相互平行，试完成平面 ABC 的水平投影。

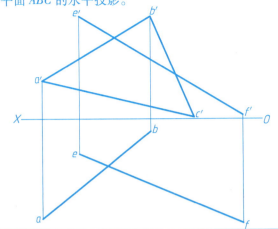

2. 已知直线 MN 与平面 ABC 平行，试补全平面 ABC 的水平投影。

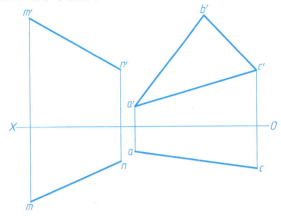

3. 已知直线 MN 平行于平面 ABC 且直线 EF 与 MN 相交，试完成直线 MN 的水平投影和直线 EF 的正面投影。

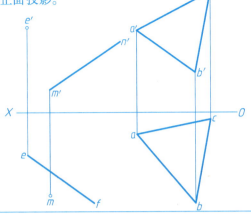

4. 已知 △ABC 与 △DEF 平行，试完成 △ABC 的水平投影。

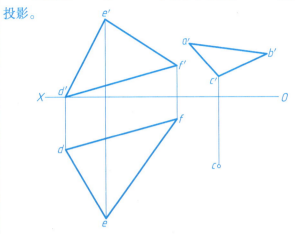

5. 求直线 AB 与平面 CDEF 的交点 K，并判别可见性。

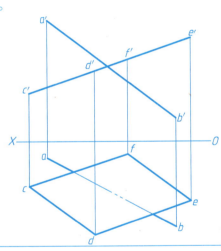

6. 已知直线 KL 与直线 AB 和平面 CDE 交于一点 L，试完成直线 KL 的投影。

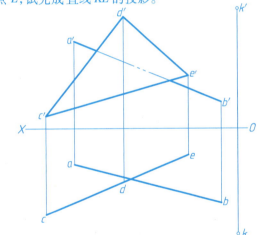

7. 求直线 AB 与 △CDE 的交点 K 的两面投影。

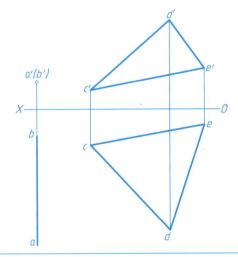

8. 求直线 MN 与平面 ABCD 的交点，并判别可见性。

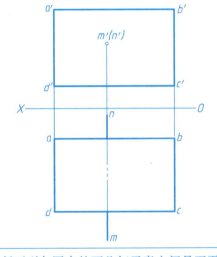

9. 判断下列各图中的直线与平面是否平行。

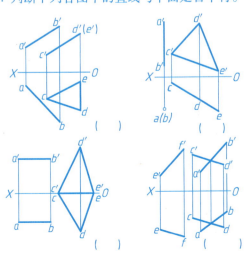

10. 判断下列各图中的两平面是否平行。

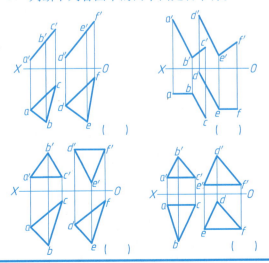

11. 判断下列各图中的直线与平面或两平面的相对位置（平行、垂直）。

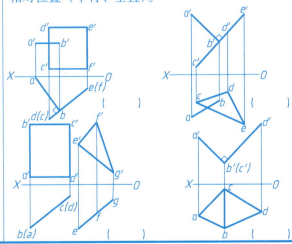

12. 判断下列各图中的两几何元素之间是否平行。

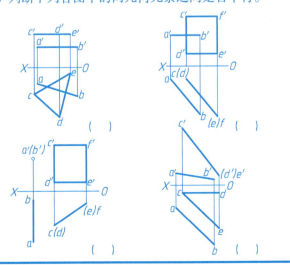

三、直线与平面、平面与平面的相对位置（一）答案

1. 已知平面 ABC 与直线 EF 相互平行，试完成平面 ABC 的水平投影。

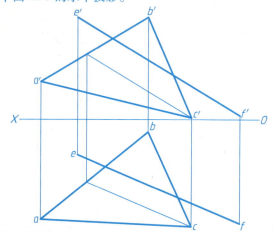

2. 已知直线 MN 与平面 ABC 平行，试补全平面 ABC 的水平投影。

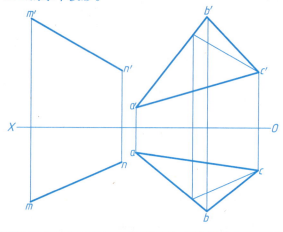

3. 已知直线 MN 平行于平面 ABC 且直线 EF 与 MN 相交，试完成直线 MN 的水平投影和直线 EF 的正面投影。

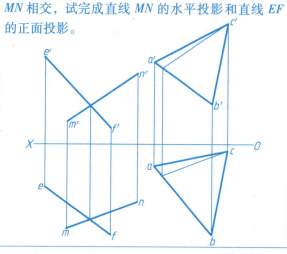

4. 已知△ABC 与△DEF 平行，试完成△ABC 的水平投影。

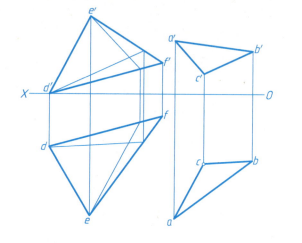

5. 求直线 AB 与平面 CDEF 的交点 K，并判别可见性。

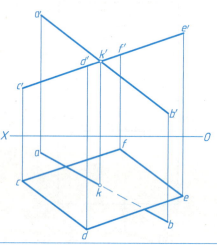

6. 已知直线 KL 与直线 AB 和平面 CDE 交于一点 L，试完成直线 KL 的投影。

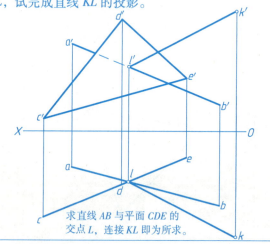

求直线 AB 与平面 CDE 的交点 L，连接 KL 即为所求。

7. 求直线 AB 与△CDE 的交点 K 的两面投影。

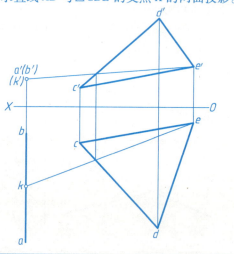

8. 求直线 MN 与平面 ABCD 的交点，并判别可见性。

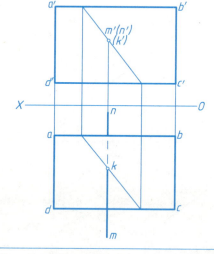

9. 判断下列各图中的直线与平面是否平行。

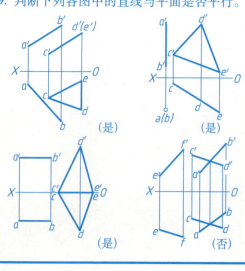

10. 判断下列各图中的两平面是否平行。

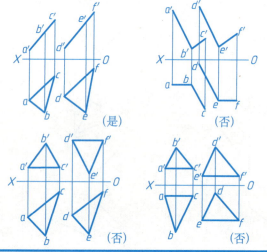

11. 判断下列各图中的直线与平面或两平面的相对位置（平行、垂直）。

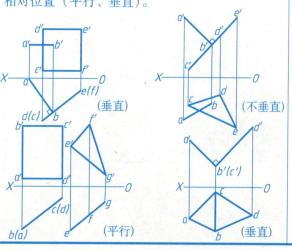

12. 判断下列各图中的两几何元素之间是否平行。

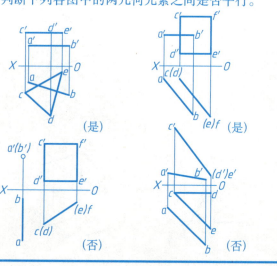

三、直线与平面、平面与平面的相对位置（二）

1. 过点 M 作直线 MN 与 △ABC 及 △DEF 均平行。

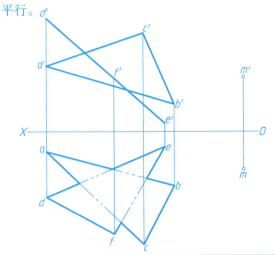

2. 求直线 EF 与 △ABC 的交点 K，并判别可见性。

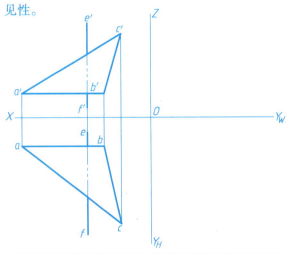

3. 过点 A 作直线与直线 CD 相交于点 B，且与平面 EFG 平行。

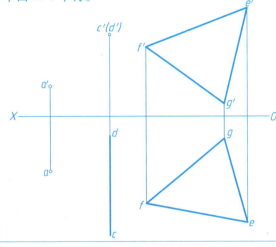

4. 求作水平线 AB 平行于 △PQR，且分别与直线 EF、GH 相交于 A、B。

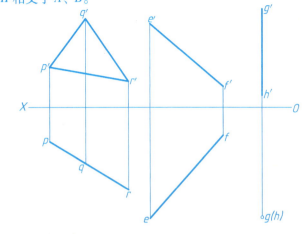

5. 求侧垂线 EF 与平面 ABC 的交点，并判别可见性。

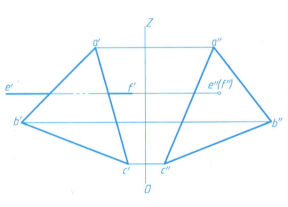

6. 过直线 MN 作一平面垂直于平面 ABC。

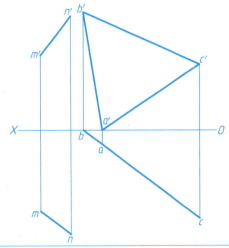

7. 过点 K 作一平面垂直于平面 CDE，并平行于直线 AB。

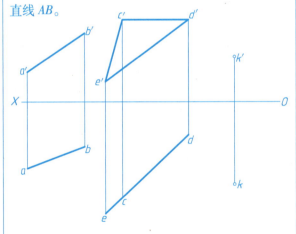

8. 求两平面的交线 MN，并判别可见性。

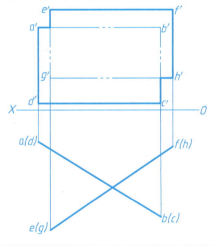

9. 直线 MN 上的一点为 △ABC 及 △DEF 两平面的共有点，试完成直线 MN 的水平投影。

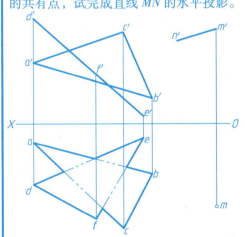

10. 求两平面的交线 MN，并判别可见性。

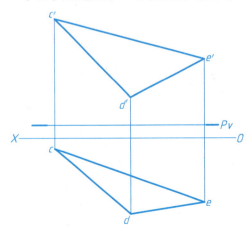

11. 求两平面的交线 MN，并判别可见性。

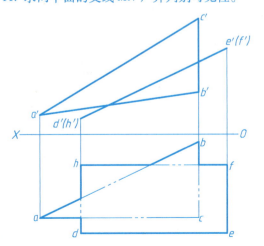

12. 求两平面的交线 MN，并判别可见性。

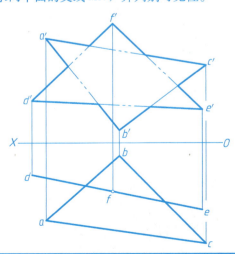

三、直线与平面、平面与平面的相对位置（二）答案

1. 过点 M 作直线 MN 与 △ABC 及 △DEF 均平行。

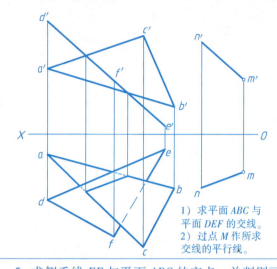

1) 求平面 ABC 与平面 DEF 的交线。
2) 过点 M 作所求交线的平行线。

2. 求直线 EF 与 △ABC 的交点 K，并判别可见性。

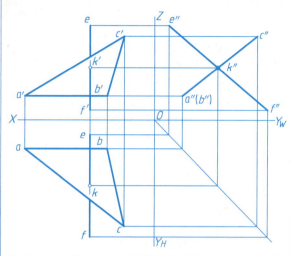

3. 过点 A 作直线与直线 CD 相交于点 B，且与平面 EFG 平行。

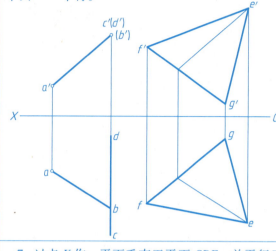

4. 求作水平线 AB 平行于 △PQR，且分别与直线 EF、GH 相交于 A、B。

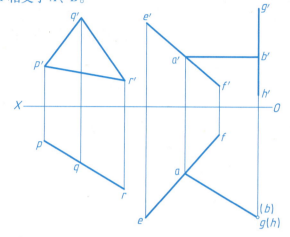

5. 求侧垂线 EF 与平面 ABC 的交点，并判别可见性。

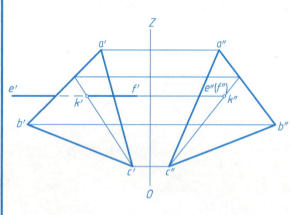

6. 过直线 MN 作一平面垂直于平面 ABC。

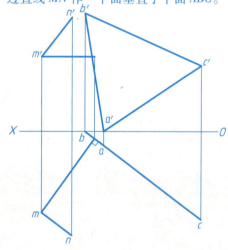

7. 过点 K 作一平面垂直于平面 CDE，并平行于直线 AB。

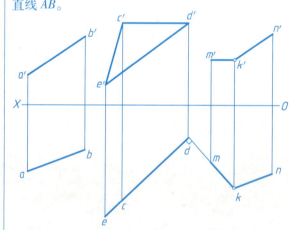

8. 求两平面的交线 MN，并判别可见性。

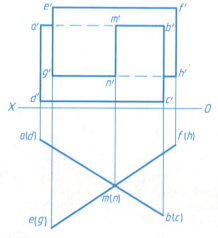

9. 直线 MN 上的一点为 △ABC 及 △DEF 两平面的共有点，试完成直线 MN 的水平投影。

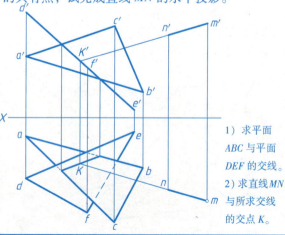

10. 求两平面的交线 MN，并判别可见性。

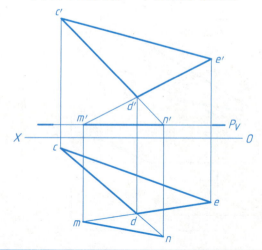

1) 求平面 ABC 与平面 DEF 的交线。
2) 求直线 MN 与所求交线的交点 K。

11. 求两平面的交线 MN，并判别可见性。

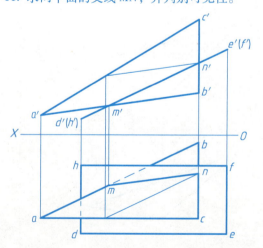

12. 求两平面的交线 MN，并判别可见性。

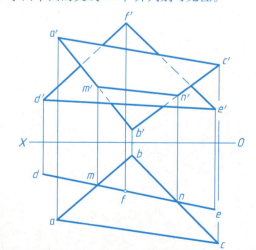

三、直线与平面、平面与平面的相对位置（三）

1. 已知△ABC平行于直线KL和MN，试完成△ABC的水平投影。

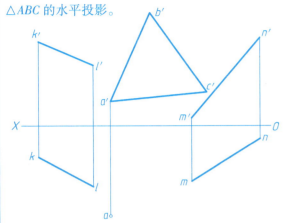

2. 已知平行两直线AB和CD确定一平面，直线MN和平面EFG均与它平行，画全它们的另一投影。

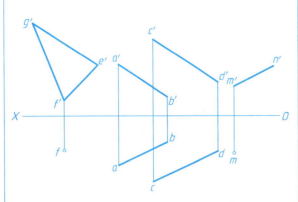

3. 已知△ABC平行于直线DE和FG，试补全△ABC的水平投影。

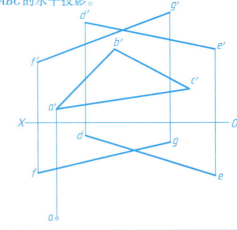

4. 已知△ABC与△DEF平行，试完成△ABC的水平投影。

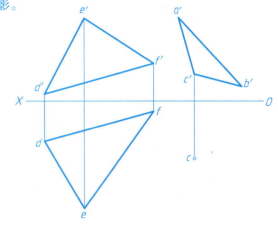

5. 过点A作正平线AM与△BCD平行并与△EFG相交，求出交点K，并判别可见性。

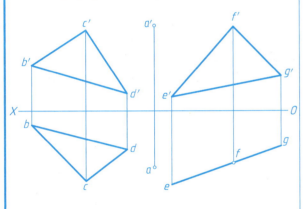

6. 求三个平面的共有点K。

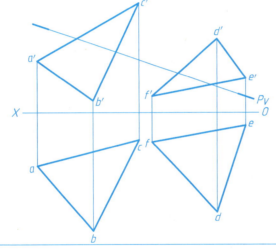

7. 在△CDE上作与点A、B等距离的点的轨迹KL的投影。

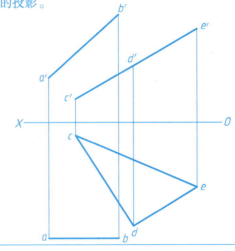

8. 过点K作一平面垂直于平面CDE，并平行于直线AB。

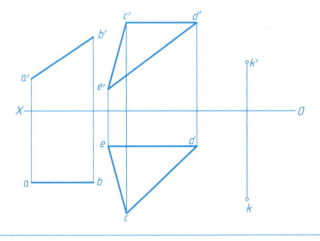

9. 在平面ABCD上作出与点N、M等距离点的轨迹。

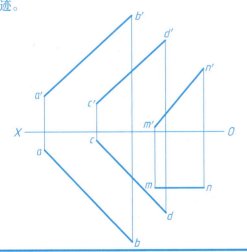

10. 判断下列各图中的直线与平面是否垂直。

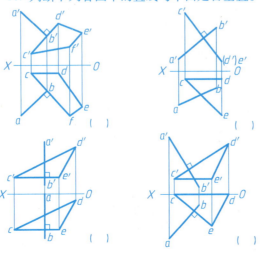

11. 过直线AB作一平面垂直于平面DEF。

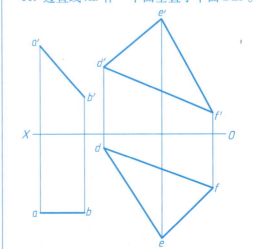

12. 已知△DEF⊥△ABC，试补全△DEF的正面投影。

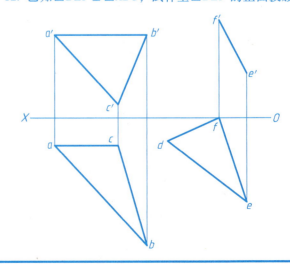

· 21 ·

三、直线与平面、平面与平面的相对位置（三）答案

1. 已知△ABC平行于直线KL和MN，试完成△ABC的水平投影。

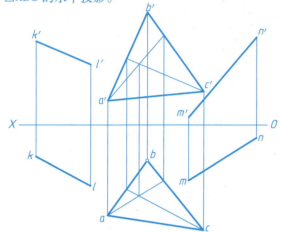

2. 已知平行两直线AB和CD确定一平面，直线MN和平面EFG均与它平行，画全它们的另一投影。

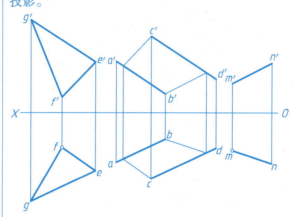

3. 已知△ABC平行于直线DE和FG，试补全△ABC的水平投影。

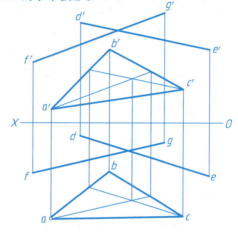

4. 已知△ABC与△DEF平行，试完成△ABC的水平投影。

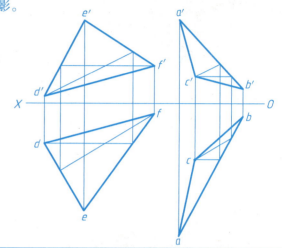

5. 过点A作正平线AM与△BCD平行并与△EFG相交，求出交点K，并判别可见性。

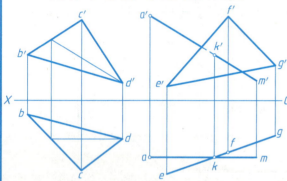

1）根据条件，过点A作直线AM平行于平面ABC上的正平线。
2）求直线AM与EFG的交点。

6. 求三个平面的共有点K。

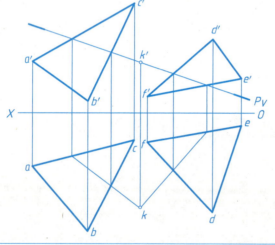

7. 在△CDE上作与点A、B等距离的点的轨迹KL的投影。

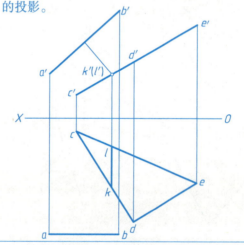

8. 过点K作一平面垂直于平面CDE，并平行于直线AB。

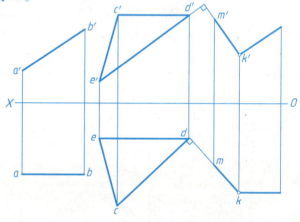

9. 在平面ABCD上作出与点N、M等距离点的轨迹。

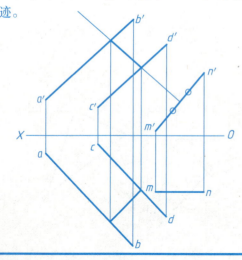

10. 判断下列各图中的直线与平面是否垂直。

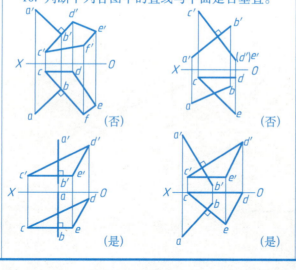

（否）　（否）
（是）　（是）

11. 过直线AB作一平面垂直于平面DEF。

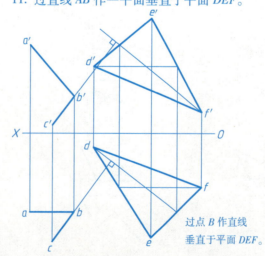

过点B作直线垂直于平面DEF。

12. 已知△DEF⊥△ABC，试补全△DEF的正面投影。

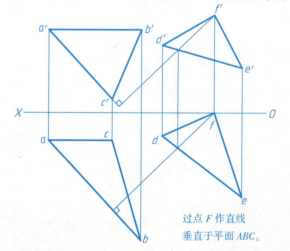

过点F作直线垂直于平面ABC。

三、直线与平面、平面与平面的相对位置（四）

1. 过点 A 作一平面平行于直线 BC，并垂直于平面 KLMN。

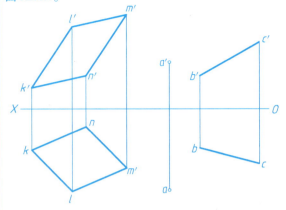

2. 过点 M 作直线 MN 与直线 AB 平行，并与平面 CDE 相交于点 N。

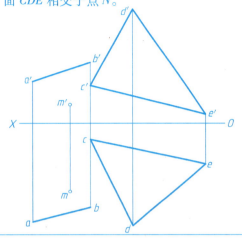

3. 求两一般位置平面的交线，并判断可见性。

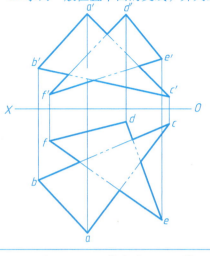

*4. 作等腰△ABC，已知其底边为 BC，高为 AD。

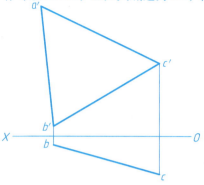

*5. 过点 K 作一直线 KL 与平面 ABC 平行，且与直线 EF 相交于点 L。

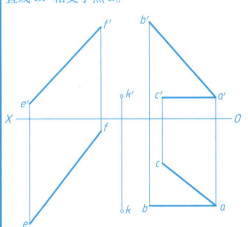

*6. 过点 M 作直线与交叉两直线 AB、CD 都相交。

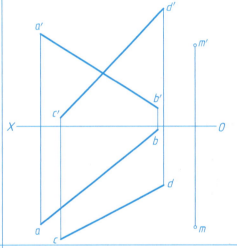

*7. 在△CDE 上作与点 A、B 等距离的点的轨迹（标注出）。

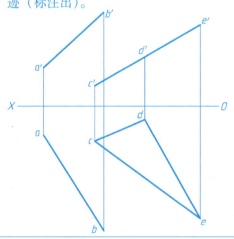

*8. 已知 AB、CD 两直线垂直相交，作直线 AB 的正面投影。

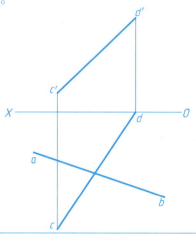

*9. 已知等腰△ABC 的腰 AB，并知其底边在直线 BM 上，试完成其投影。

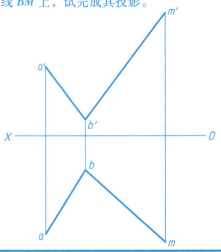

*10. 已知直角△ABC 的一直角边 BC 在正平线 BD 上，点 A 在直线 EF 上，斜边 AC 平行于△KLM，试补全△ABC 的两面投影。

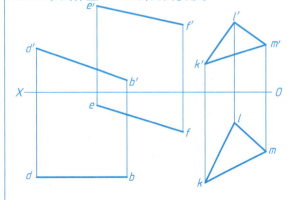

*11. 以直线 AB 为底作等腰△ABC，其一腰平行于直线 MN。

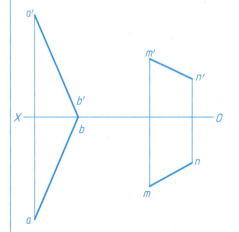

*12. 过点 K 作一直线垂直于直线 AB，且与直线 CD 相交。

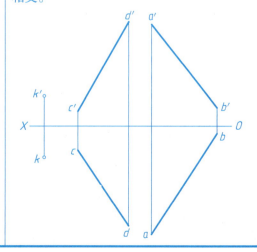

三、直线与平面、平面与平面的相对位置（四）答案

1. 过点 A 作一平面平行于直线 BC，并垂直于平面 KLMN。

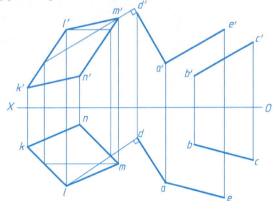

1) 根据条件，过点 A 作直线 AD 与平面 KLMN 垂直。
2) 过点 A 作直线 AE 与直线 BC 平行。

2. 过点 M 作直线 MN 与直线 AB 平行，并与平面 CDE 相交于点 N。

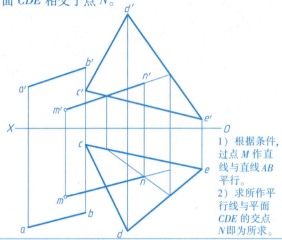

1) 根据条件，过点 M 作直线与直线 AB 平行。
2) 求所作平行线与平面 CDE 的交点 N 即为所求。

3. 求两一般位置平面的交线，并判断可见性。

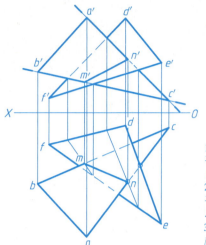

1) 求 AC 边与平面 DEF 的交点 N。
2) 求 BC 边与平面 DEF 的交点 M。
3) 连接点 M、N 即为所求。

*4. 作等腰△ABC，已知其底边为 BC，高为 AD。

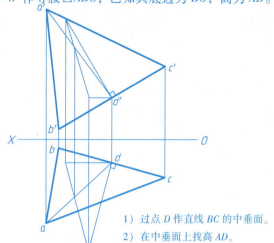

1) 过点 D 作直线 BC 的中垂面。
2) 在中垂面上找高 AD。

*5. 过点 K 作一直线 KL 与平面 ABC 平行，且与直线 EF 相交于点 L。

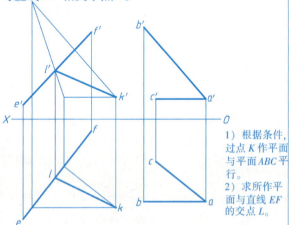

1) 过点 K 作平面与平面 ABC 平行。
2) 求所作平面与直线 EF 的交点 L。

*6. 过点 M 作直线与交叉两直线 AB、CD 都相交。

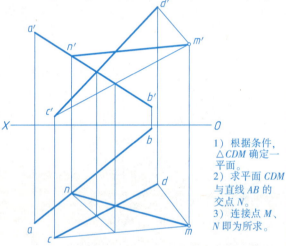

1) 根据条件，△CDM 确定一平面。
2) 求平面 CDM 与直线 AB 的交点 N。
3) 连接点 M、N 即为所求。

*7. 在△CDE 上作与点 A、B 等距离的点的轨迹（标注出）。

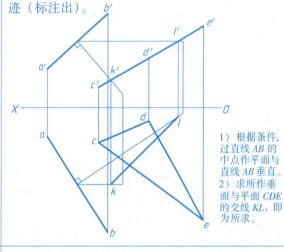

1) 根据条件，过直线 AB 的中点作平面与直线 AB 垂直。
2) 求所作垂面与平面 CDE 的交线 KL，即为所求。

*8. 已知 AB、CD 两直线垂直相交，作直线 AB 的正面投影。

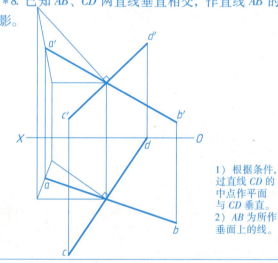

1) 根据条件，过直线 CD 的中点作平面与 CD 垂直。
2) AB 为所作垂面上的线。

*9. 已知等腰△ABC 的腰 AB，并知其底边在直线 BM 上，试完成其投影。

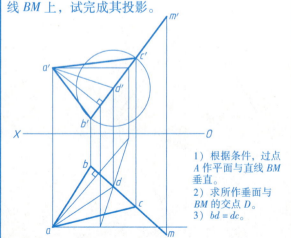

1) 根据条件，过点 A 作平面与直线 BM 垂直。
2) 求所作垂面与 BM 的交点 D。
3) bd = dc。

*10. 已知直角△ABC 的一直角边 BC 在正平线 BD 上，点 A 在直线 EF 上，斜边 AC 平行于△KLM，试补全△ABC 的两面投影。

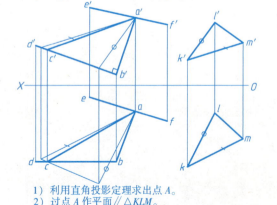

1) 利用直角投影定理求出点 A。
2) 过点 A 作平面∥△KLM。
3) 求所作平面与直线 BD 的交点，即为所求点 C。

*11. 以直线 AB 为底作等腰△ABC，其一腰平行于直线 MN。

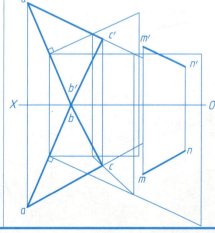

1) 根据条件，过直线 AB 的中点作平面与 AB 垂直。
2) 过点 A 作 MN 的平行线。
3) 求所作平行线与所作垂面的交点即为点 C。
4) 连接点 A、B、C 即为所求。

*12. 过点 K 作一直线垂直于直线 AB，且与直线 CD 相交。

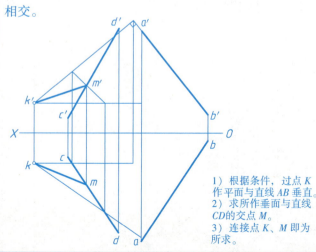

1) 根据条件，过点 K 作平面与直线 AB 垂直。
2) 求所作垂面与直线 CD 的交点 M。
3) 连接点 K、M 即为所求。

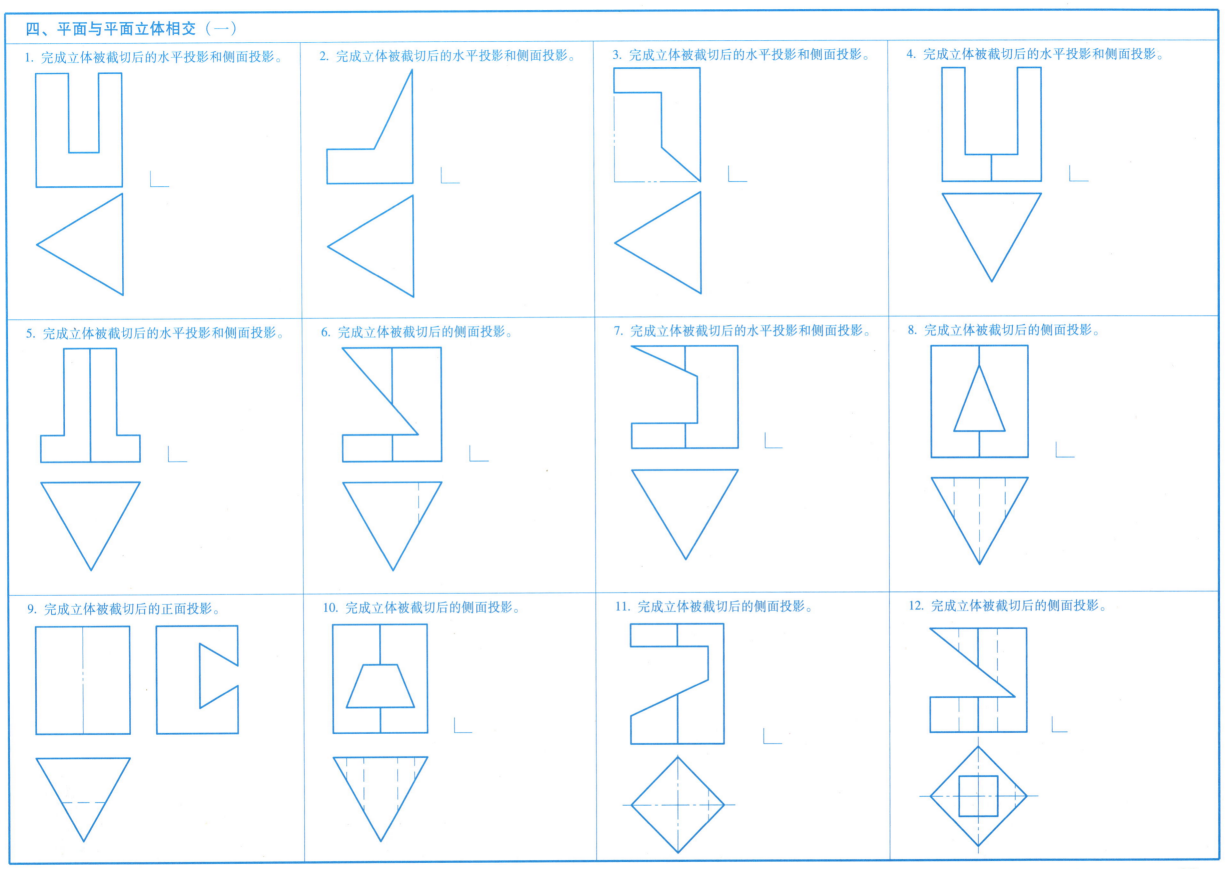

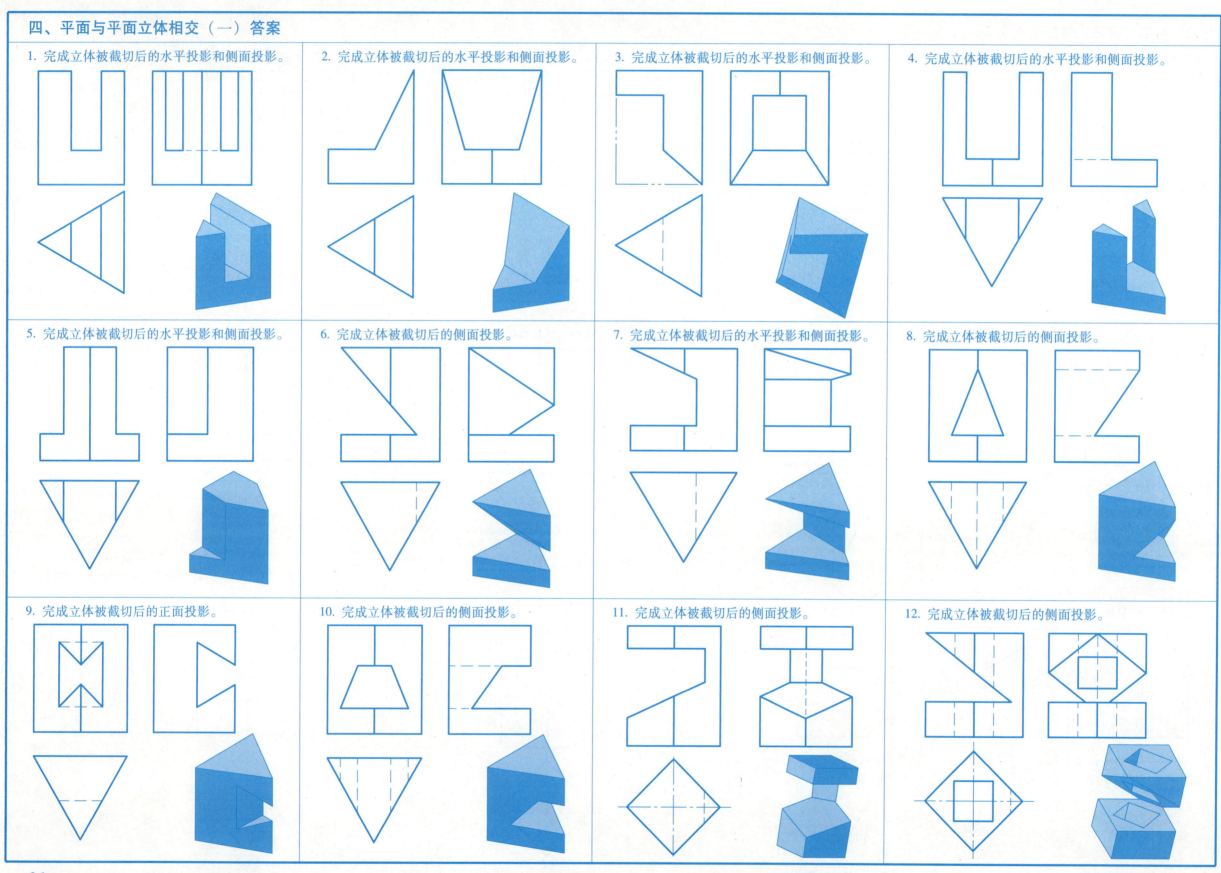

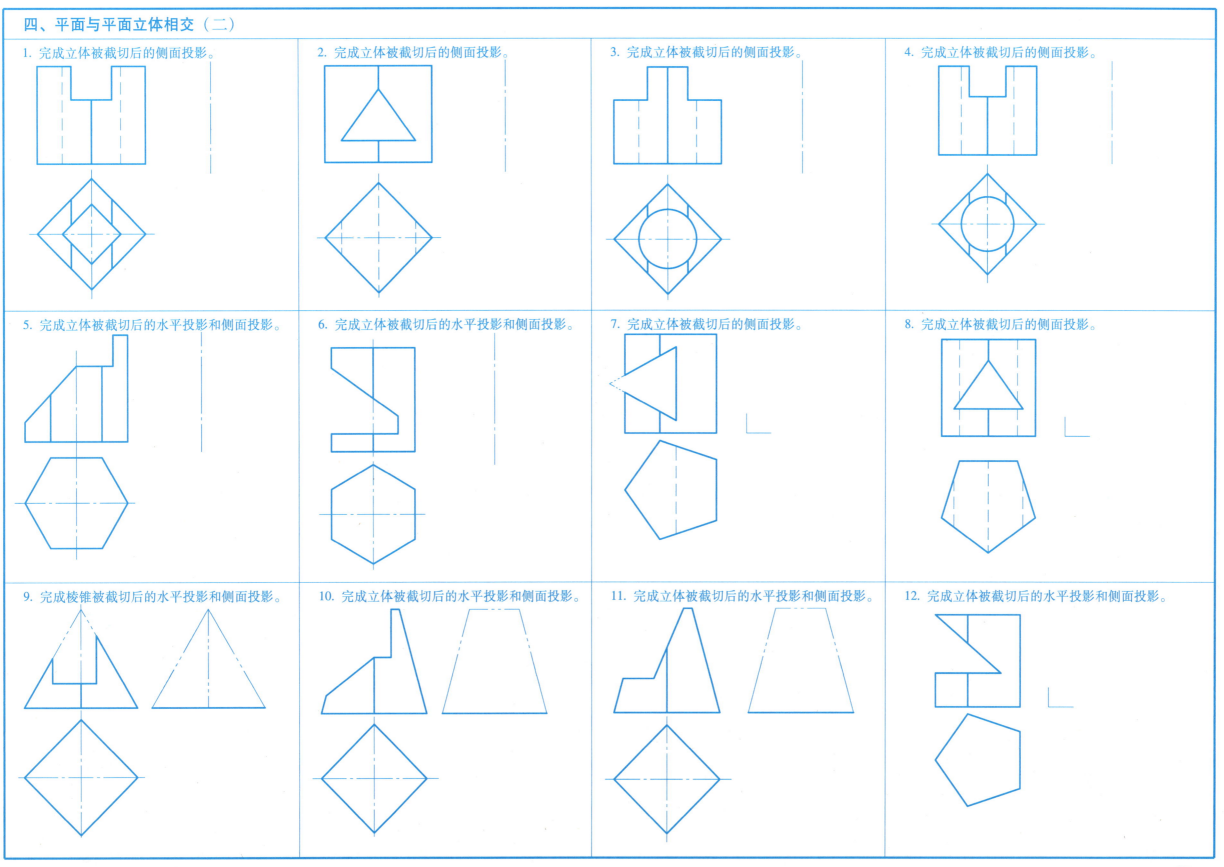

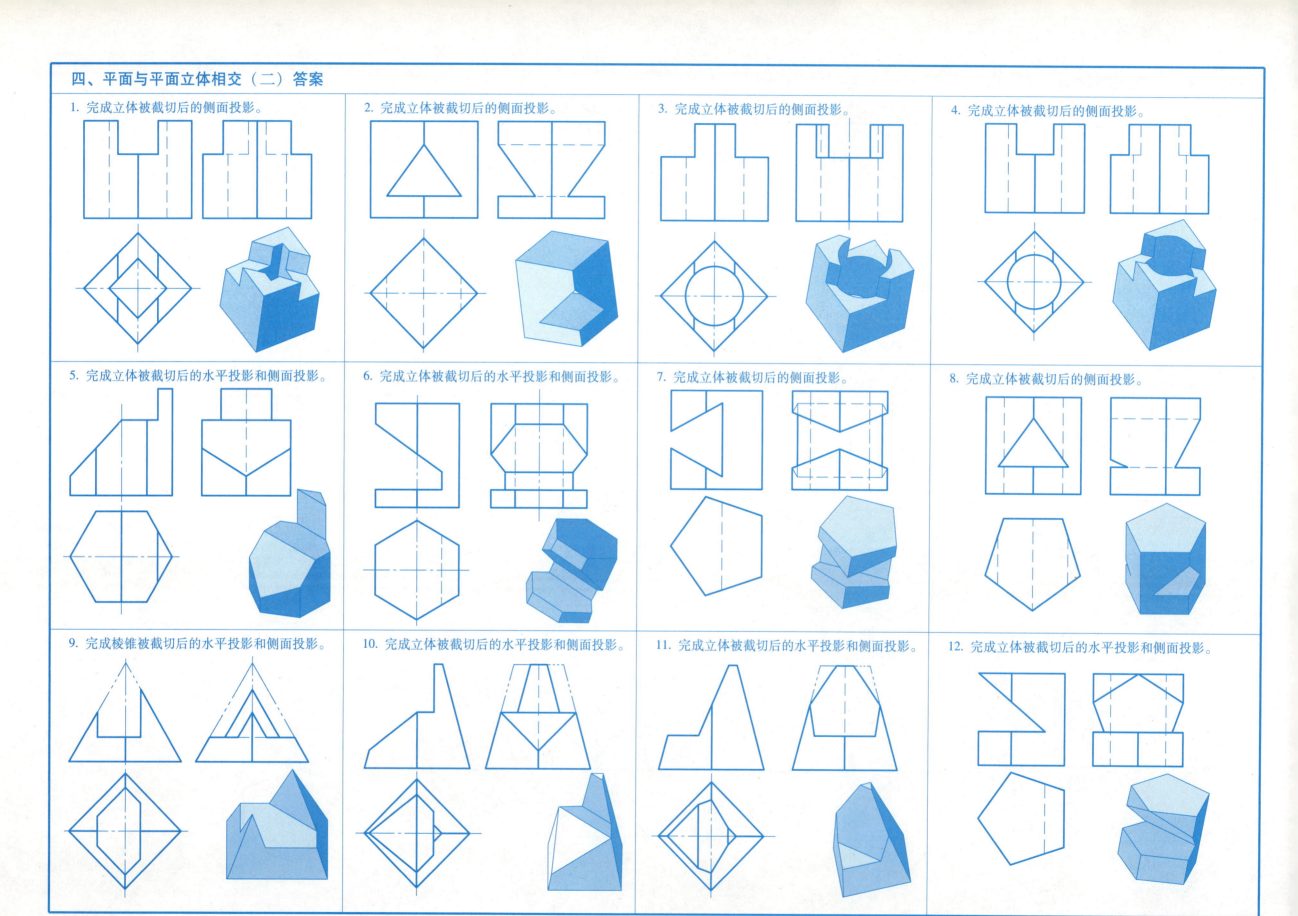

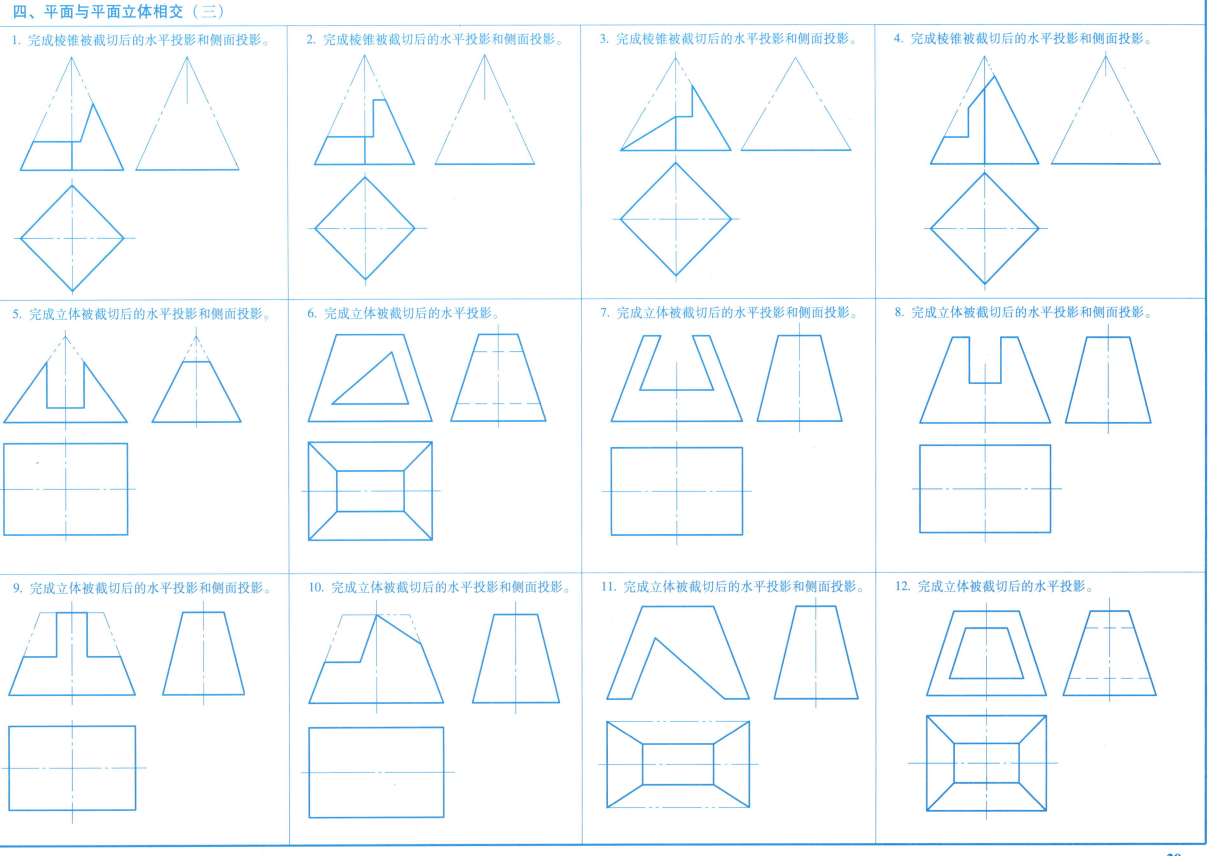

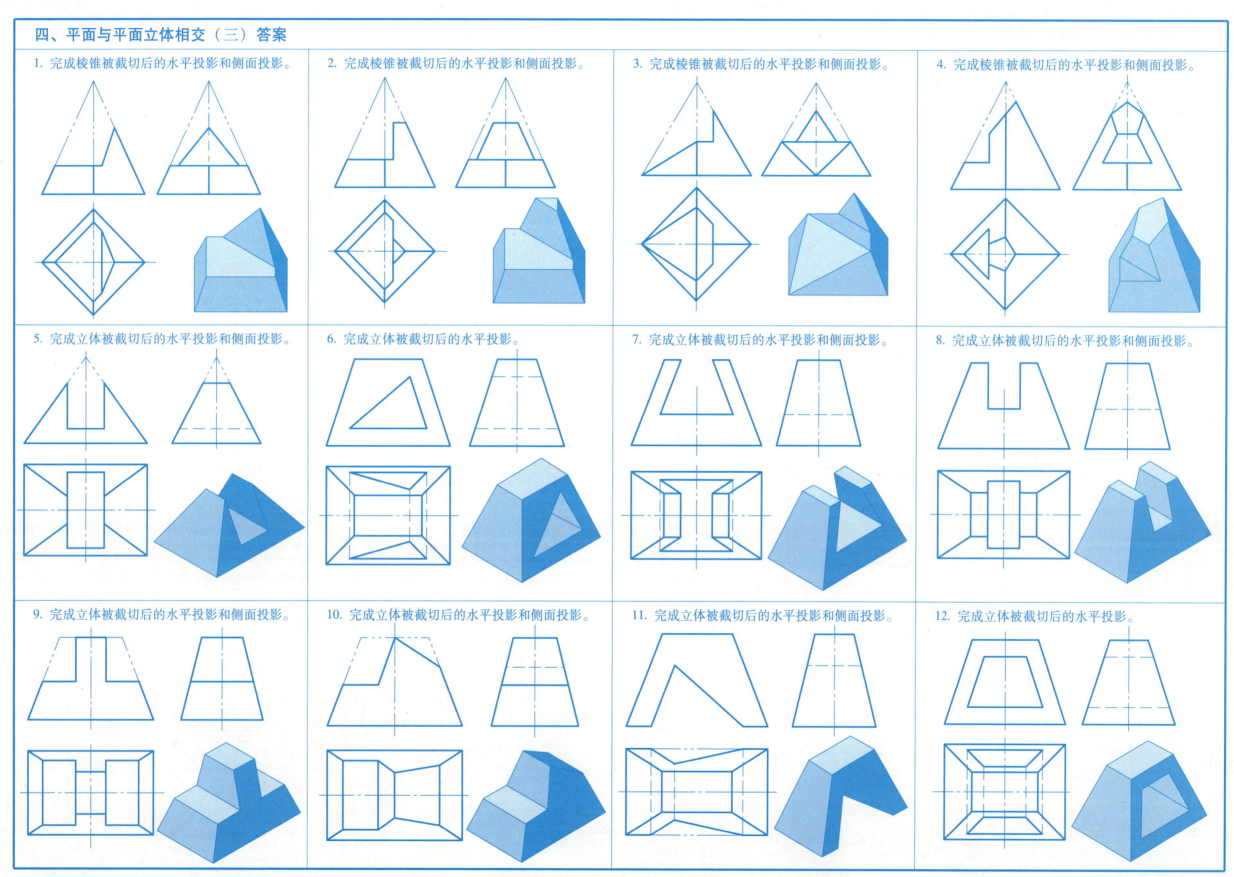

四、平面与平面立体相交（四）

1. 完成立体被截切后的水平投影和侧面投影。
2. 完成立体被截切后的水平投影和侧面投影。
3. 完成立体被截切后的水平投影和侧面投影。
4. 完成立体被截切后的水平投影和侧面投影。

5. 完成三棱锥被截切后的水平投影和侧面投影。
6. 完成三棱锥被截切后的水平投影和侧面投影。
7. 完成三棱锥被截切后的水平投影和侧面投影。
8. 完成三棱锥被截切后的水平投影和侧面投影。

9. 完成三棱锥被截切后的水平投影和侧面投影。
10. 完成三棱锥被截切后的水平投影和侧面投影。
11. 完成三棱锥被截切后的水平投影和侧面投影。
12. 完成三棱锥被截切后的水平投影和侧面投影。

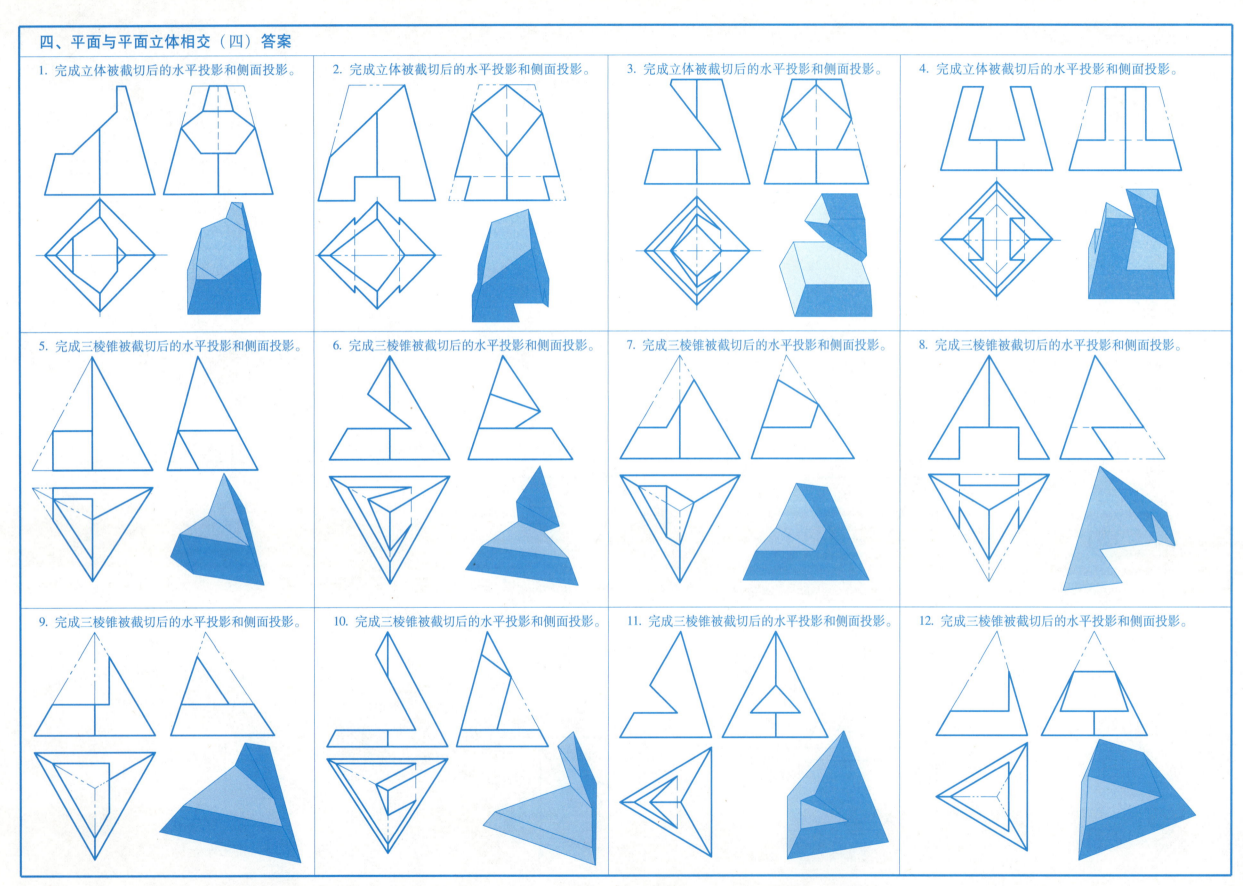

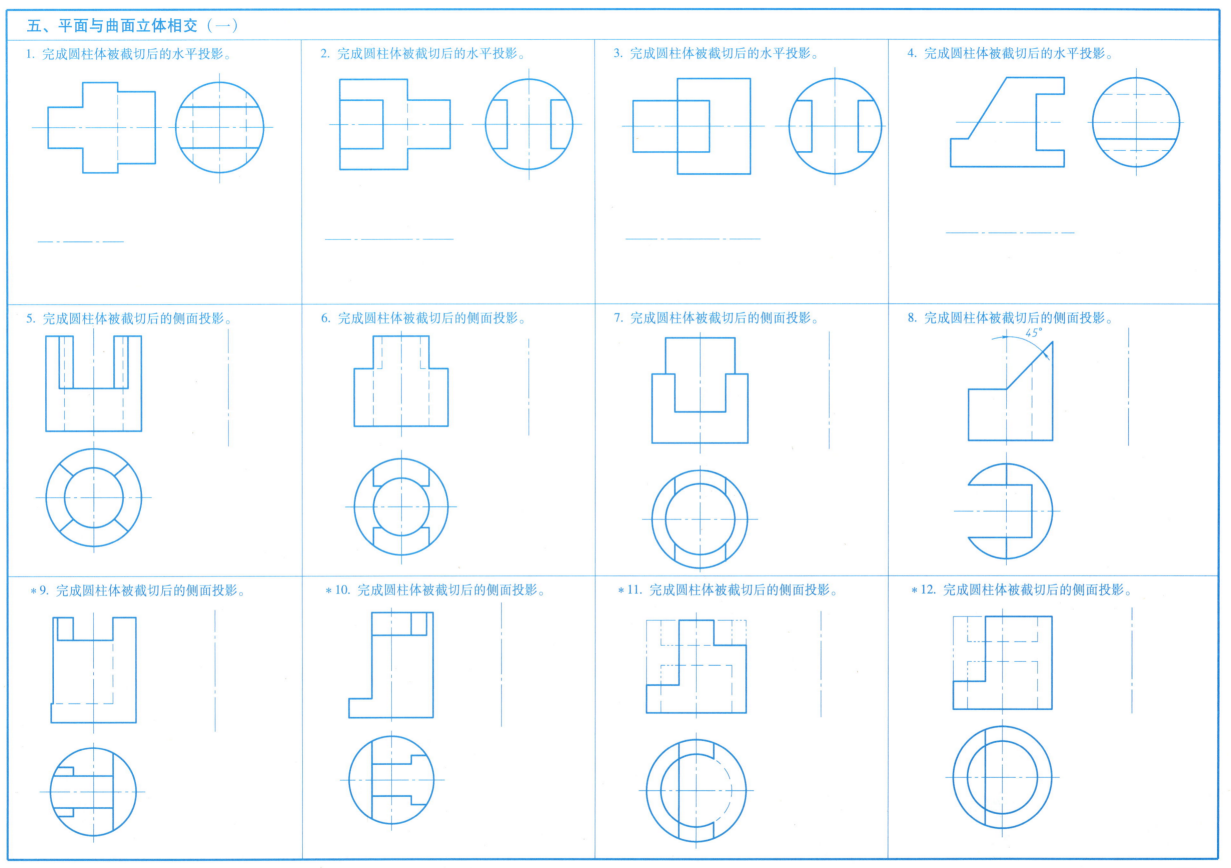

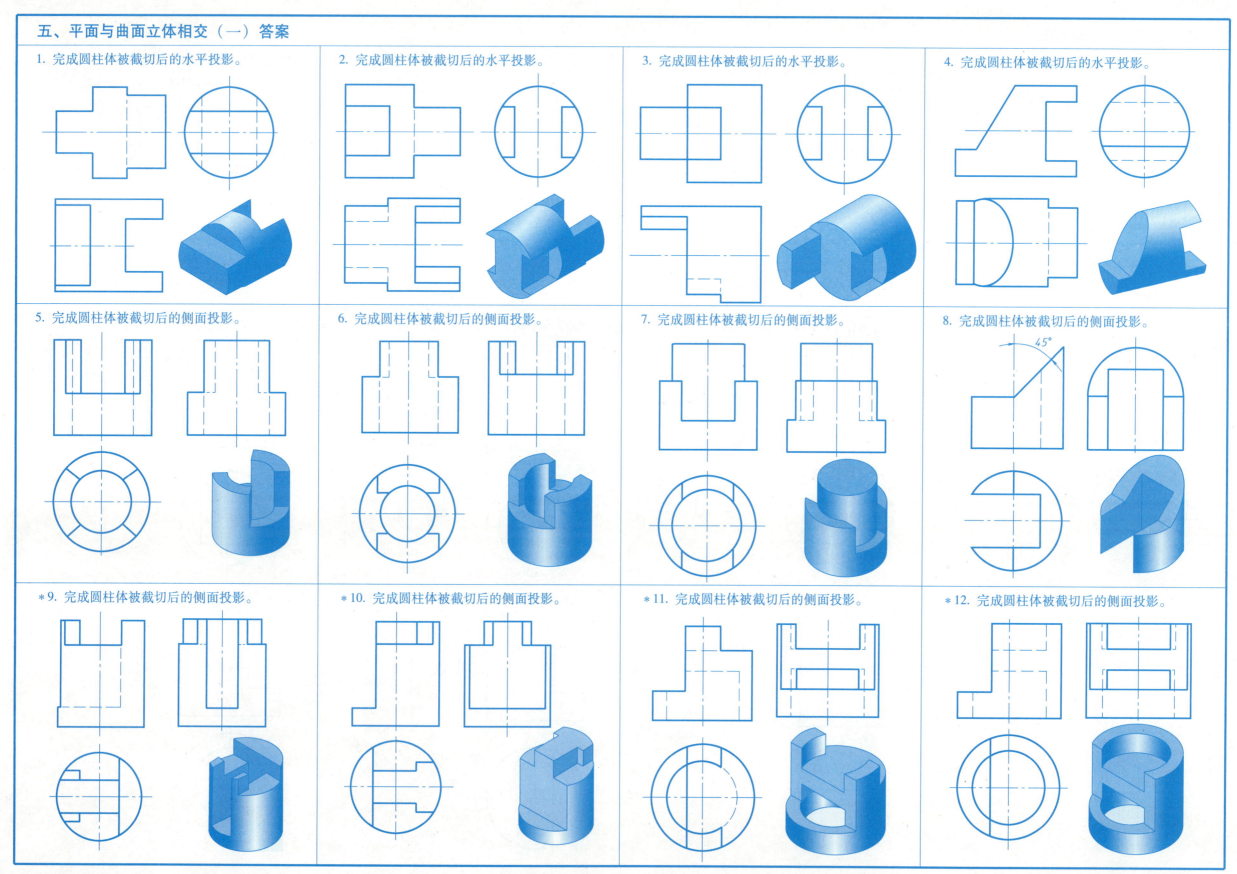

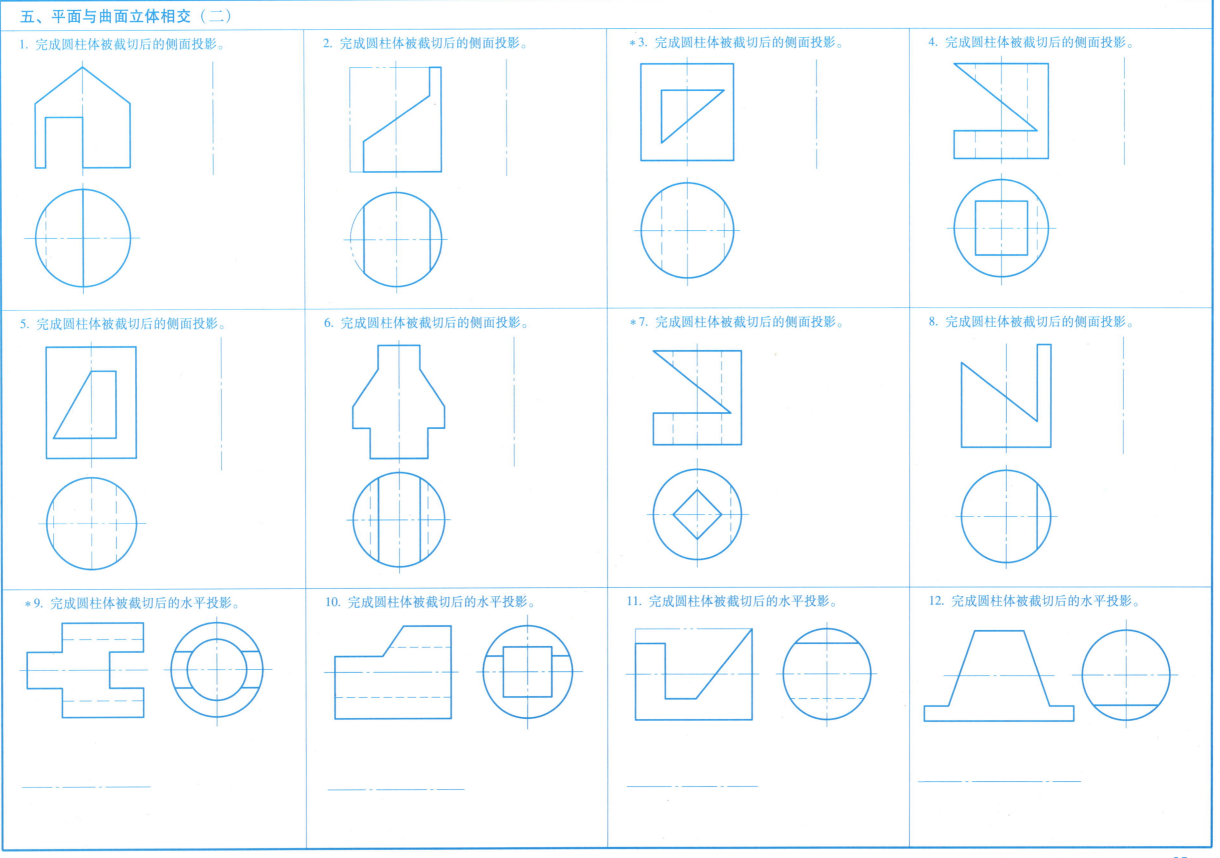

五、平面与曲面立体相交（二）答案

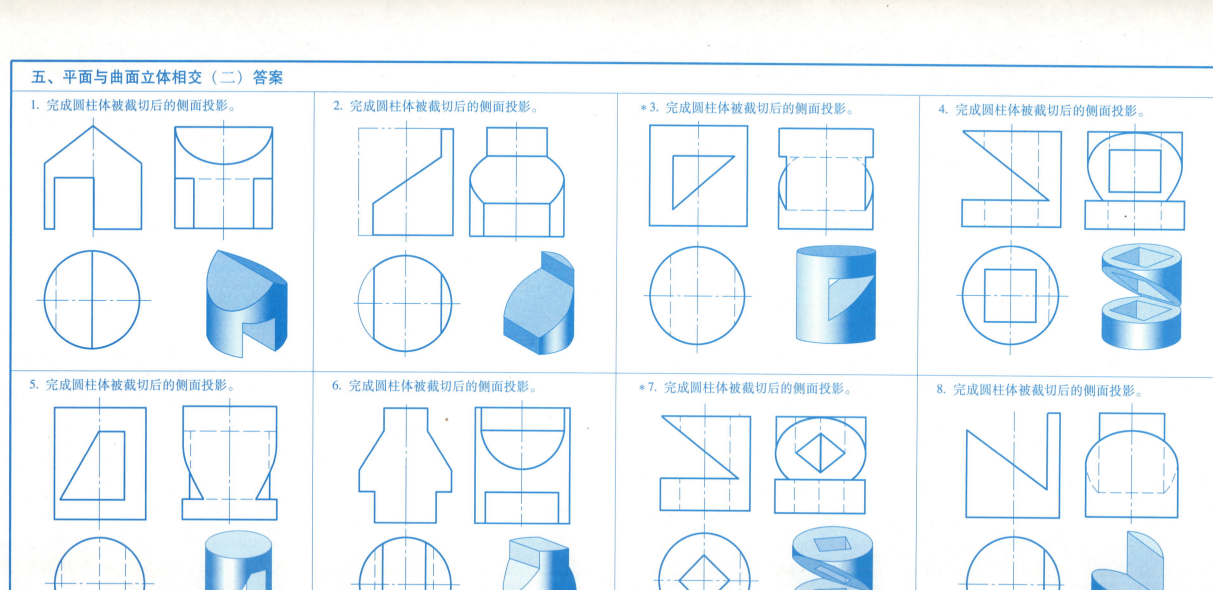

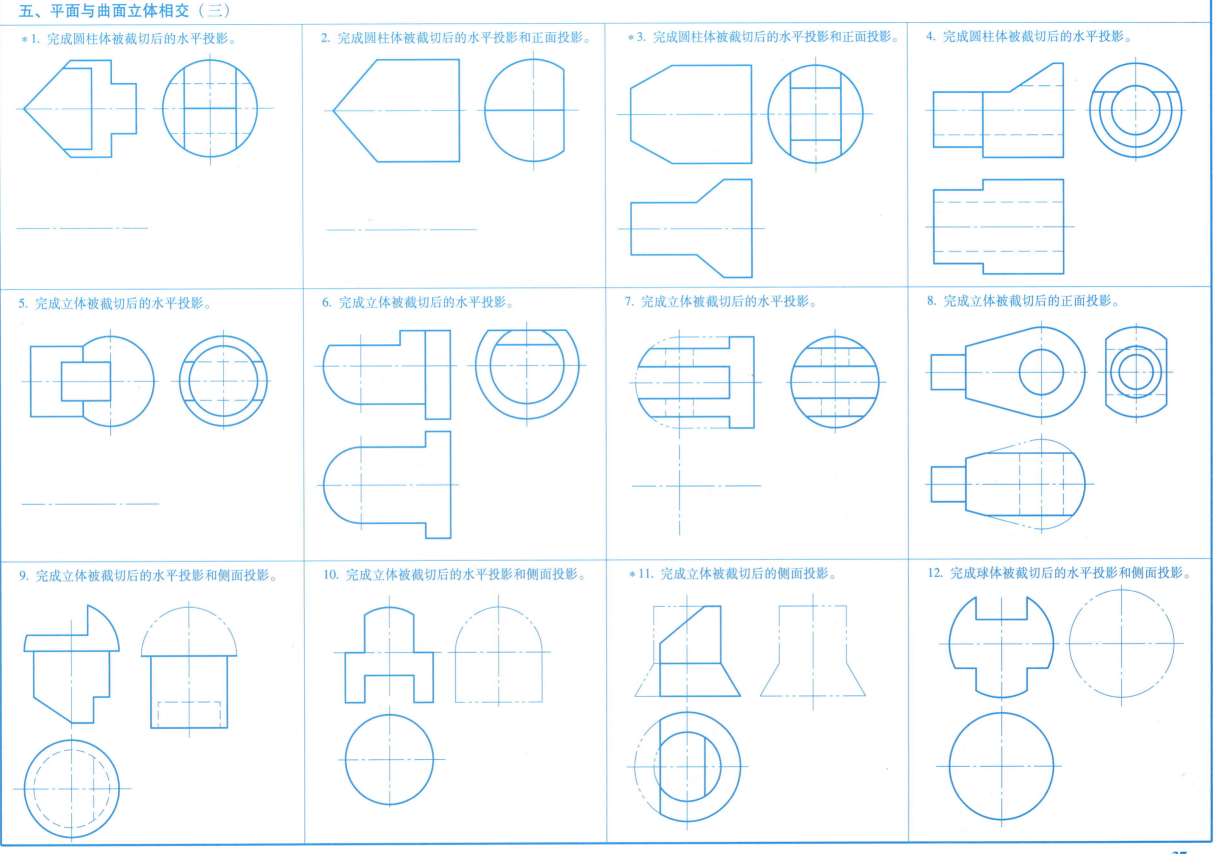

五、平面与曲面立体相交（三）答案

*1. 完成圆柱体被截切后的水平投影。

2. 完成圆柱体被截切后的水平投影和正面投影。

*3. 完成圆柱体被截切后的水平投影和正面投影。

4. 完成圆柱体被截切后的水平投影。

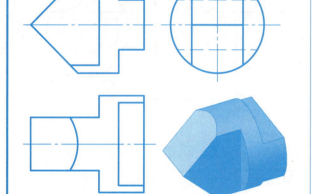
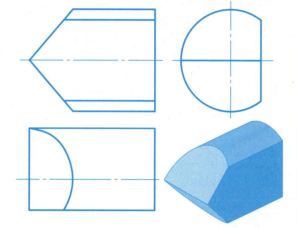
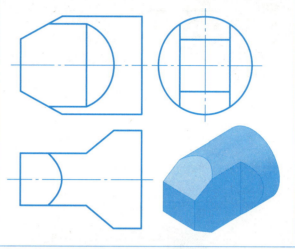
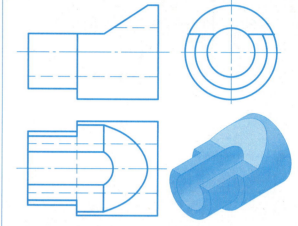

5. 完成立体被截切后的水平投影。

6. 完成立体被截切后的水平投影。

7. 完成立体被截切后的水平投影。

8. 完成立体被截切后的正面投影。

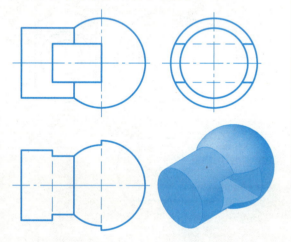
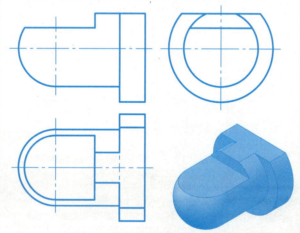
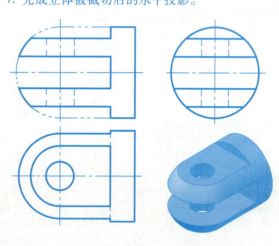
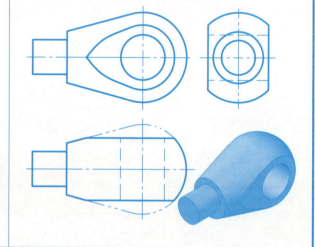

9. 完成立体被截切后的水平投影和侧面投影。

10. 完成立体被截切后的水平投影和侧面投影。

*11. 完成立体被截切后的侧面投影。

12. 完成球体被截切后的水平投影和侧面投影。

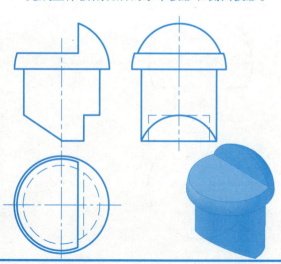

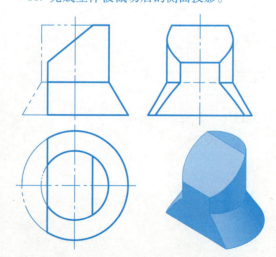
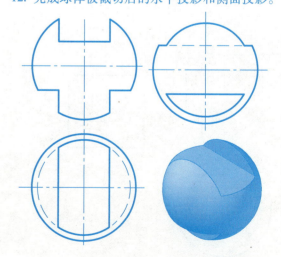

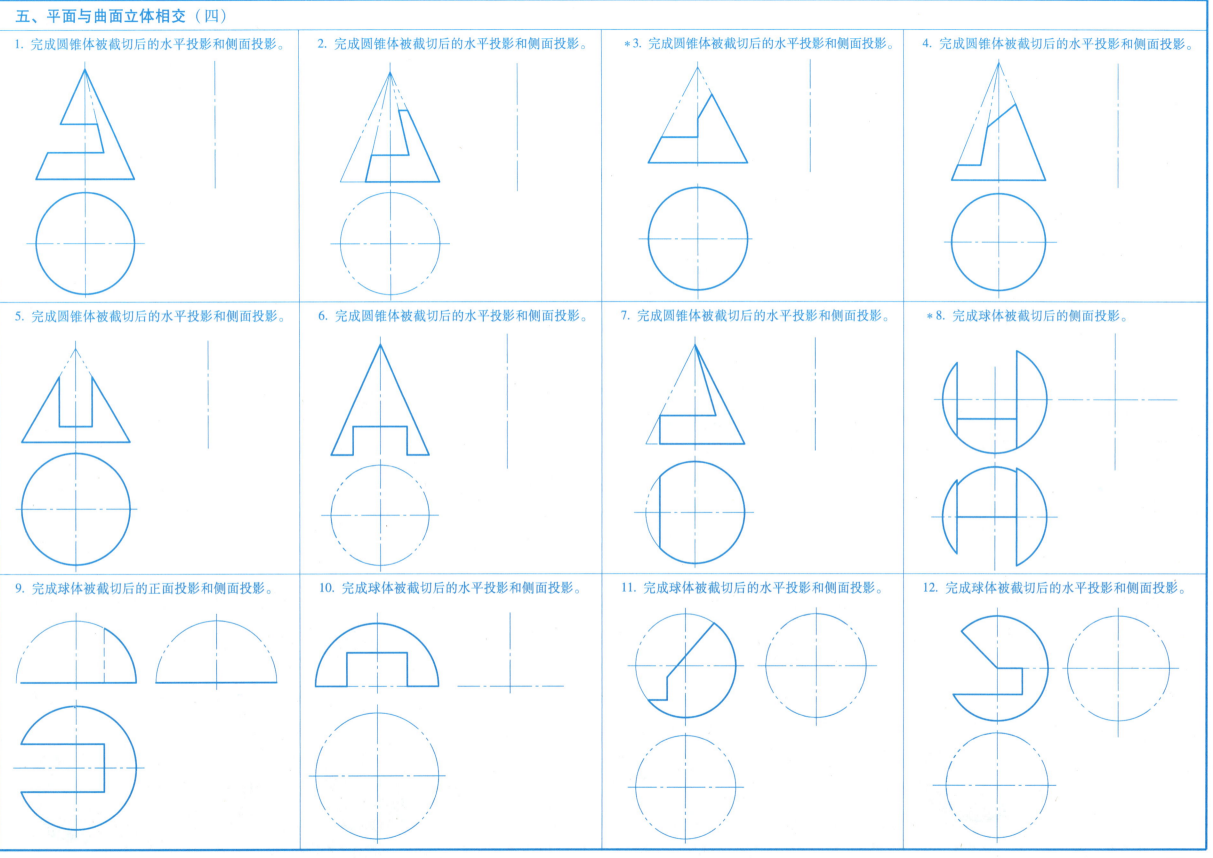

五、平面与曲面立体相交（四）答案

1. 完成圆锥体被截切后的水平投影和侧面投影。
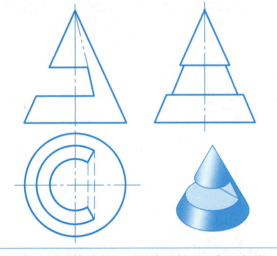

2. 完成圆锥体被截切后的水平投影和侧面投影。
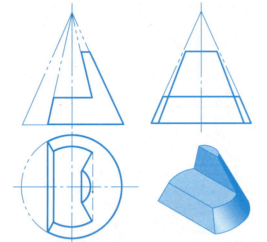

*3. 完成圆锥体被截切后的水平投影和侧面投影。
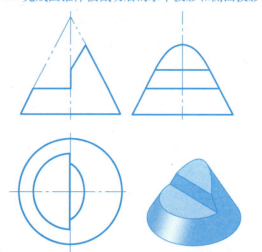

4. 完成圆锥体被截切后的水平投影和侧面投影。
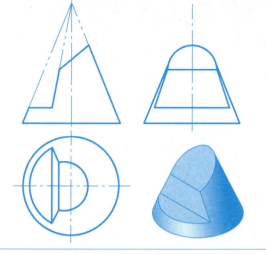

5. 完成圆锥体被截切后的水平投影和侧面投影。
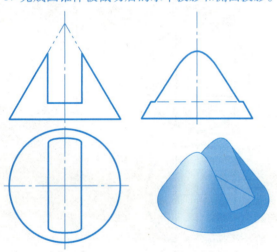

6. 完成圆锥体被截切后的水平投影和侧面投影。
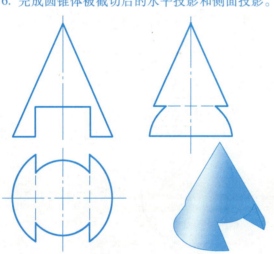

7. 完成圆锥体被截切后的水平投影和侧面投影。
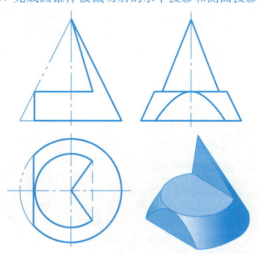

*8. 完成球体被截切后的侧面投影。
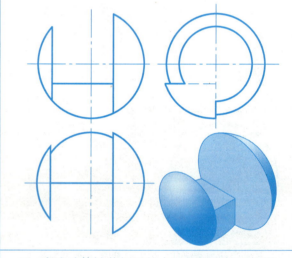

9. 完成球体被截切后的正面投影和侧面投影。
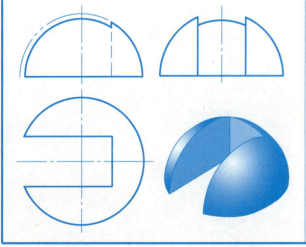

10. 完成球体被截切后的水平投影和侧面投影。
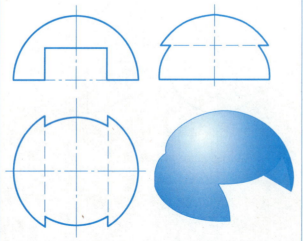

11. 完成球体被截切后的水平投影和侧面投影。
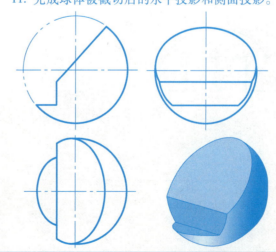

12. 完成球体被截切后的水平投影和侧面投影。
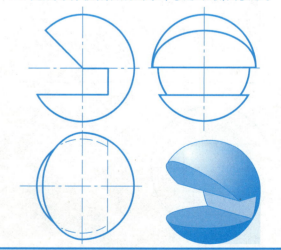

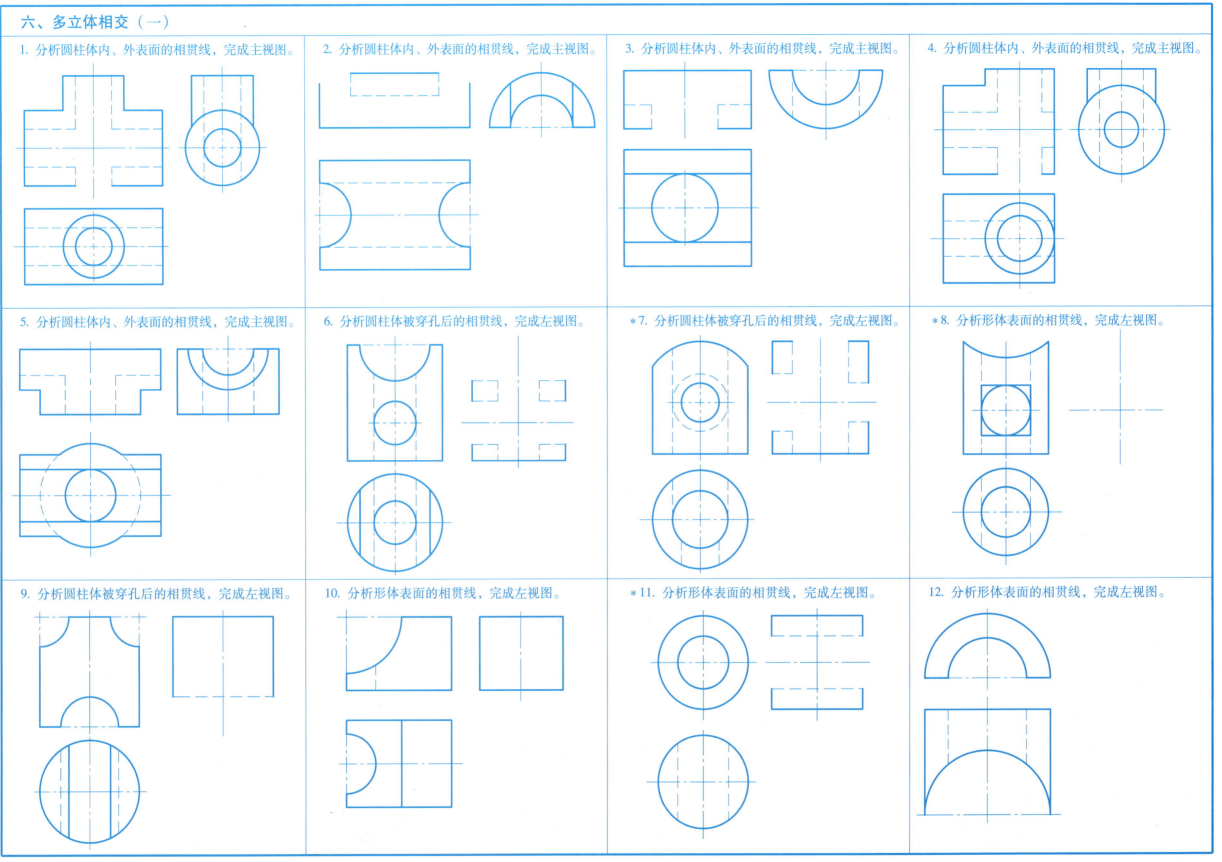

六、多立体相交（一）答案

1. 分析圆柱体内、外表面的相贯线，完成主视图。

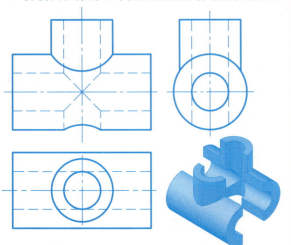

2. 分析圆柱体内、外表面的相贯线，完成主视图。

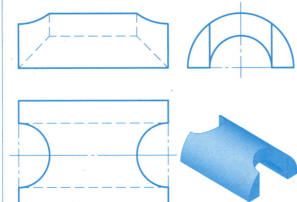

3. 分析圆柱体内、外表面的相贯线，完成主视图。

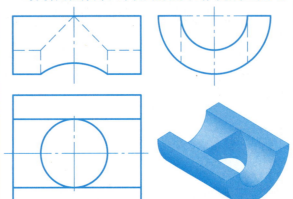

4. 分析圆柱体内、外表面的相贯线，完成主视图。

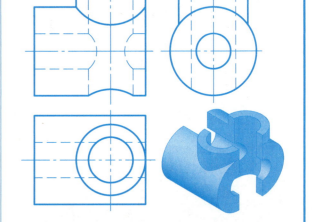

5. 分析圆柱体内、外表面的相贯线，完成主视图。

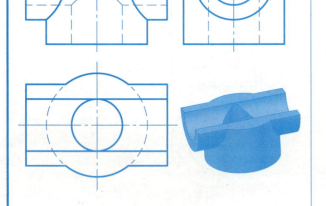

6. 分析圆柱体被穿孔后的相贯线，完成左视图。

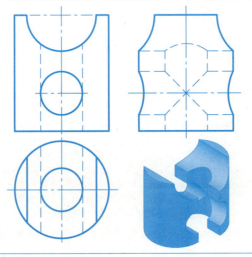

*7. 分析圆柱体被穿孔后的相贯线，完成左视图。

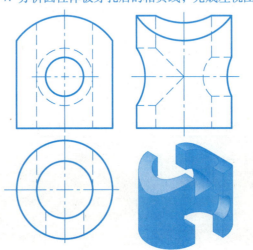

*8. 分析形体表面的相贯线，完成左视图。

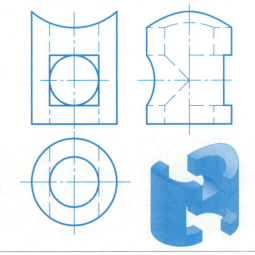

9. 分析圆柱体被穿孔后的相贯线，完成左视图。

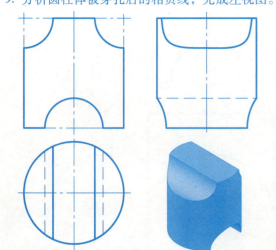

10. 分析形体表面的相贯线，完成左视图。

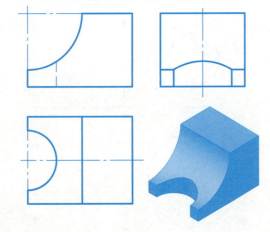

*11. 分析形体表面的相贯线，完成左视图。

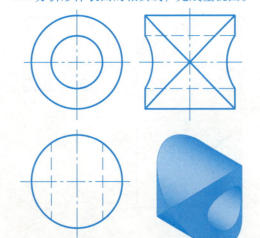

12. 分析形体表面的相贯线，完成左视图。

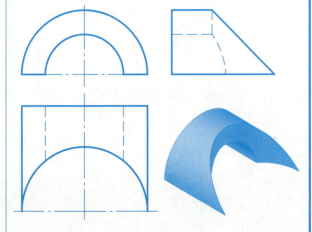

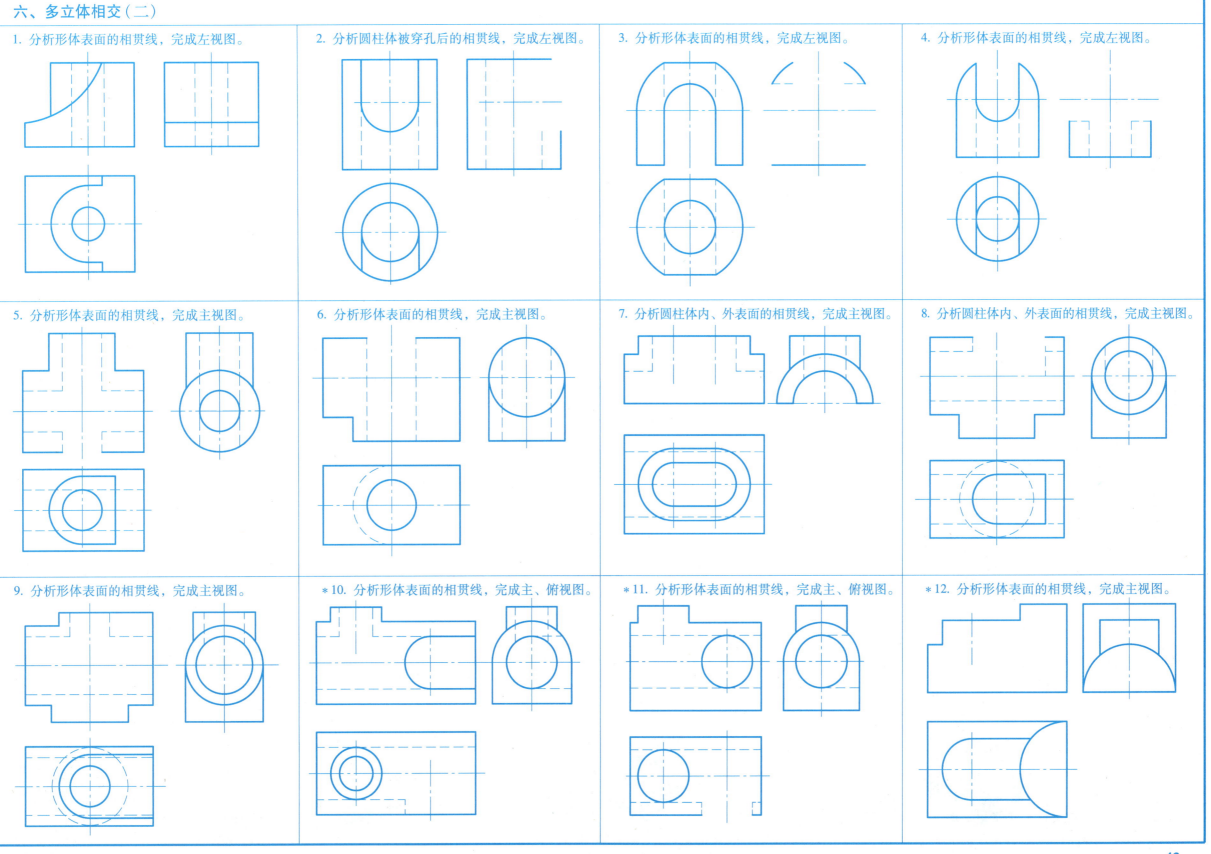

六、多立体相交（二）答案

1. 分析形体表面的相贯线，完成左视图。

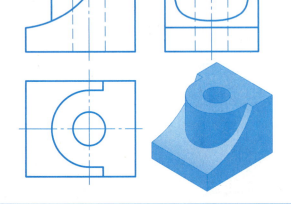

2. 分析圆柱体被穿孔后的相贯线，完成左视图。
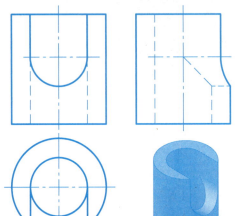

3. 分析形体表面的相贯线，完成左视图。
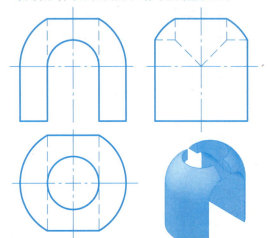

4. 分析形体表面的相贯线，完成左视图。
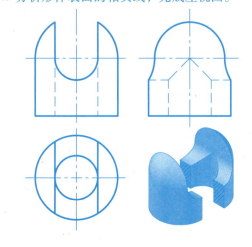

5. 分析形体表面的相贯线，完成主视图。
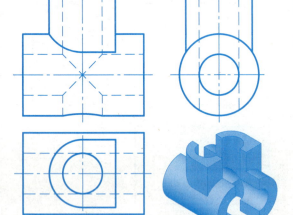

6. 分析形体表面的相贯线，完成主视图。
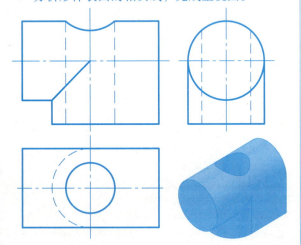

7. 分析圆柱体内、外表面的相贯线，完成主视图。
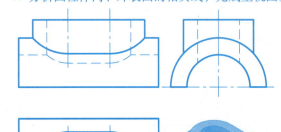
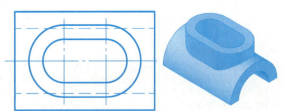

8. 分析圆柱体内、外表面的相贯线，完成主视图。
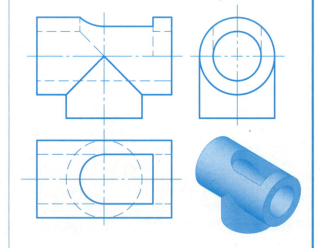

9. 分析形体表面的相贯线，完成主视图。
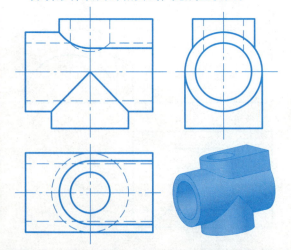

*10. 分析形体表面的相贯线，完成主、俯视图。
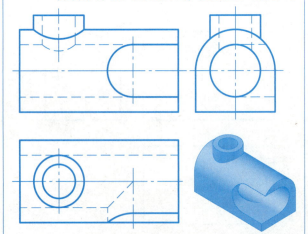

*11. 分析形体表面的相贯线，完成主、俯视图。
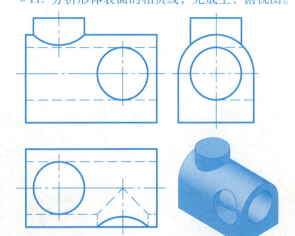

*12. 分析形体表面的相贯线，完成主视图。
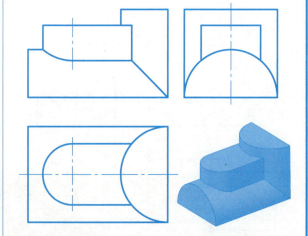

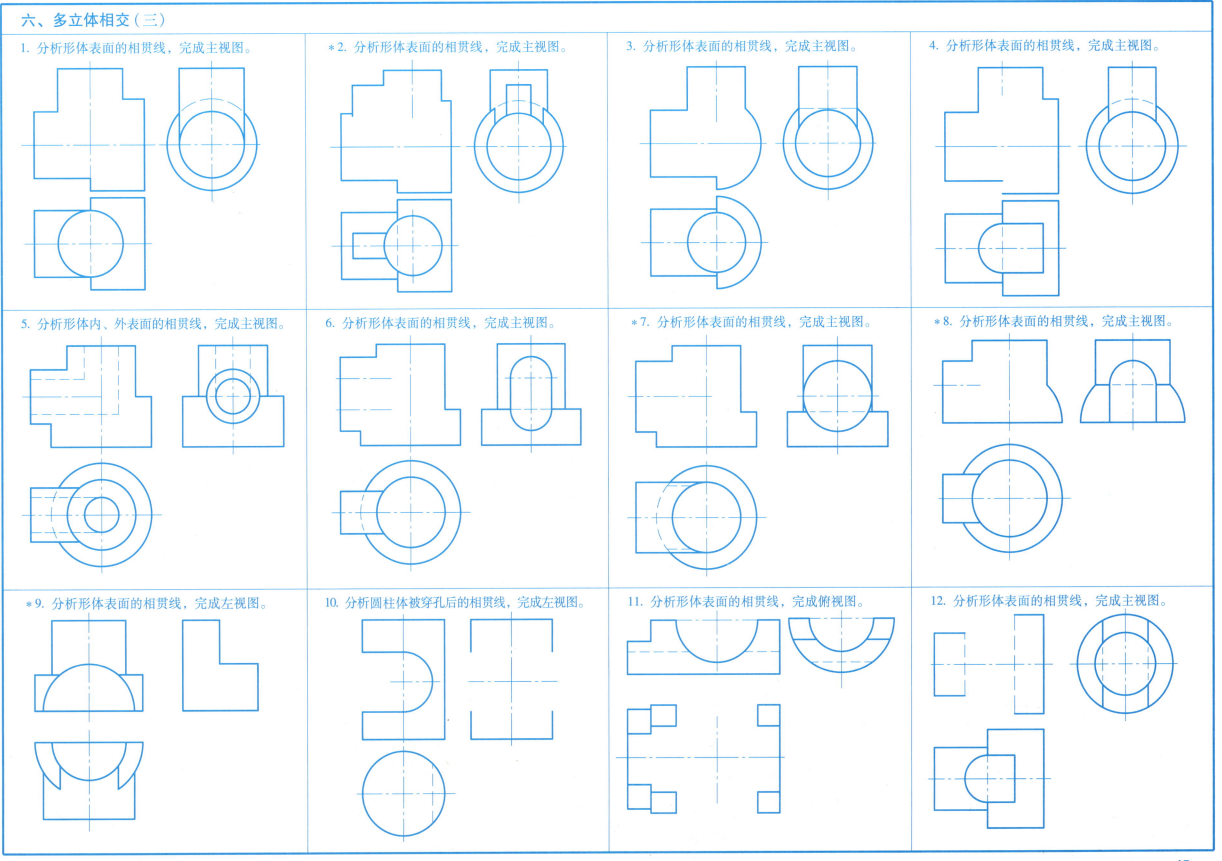

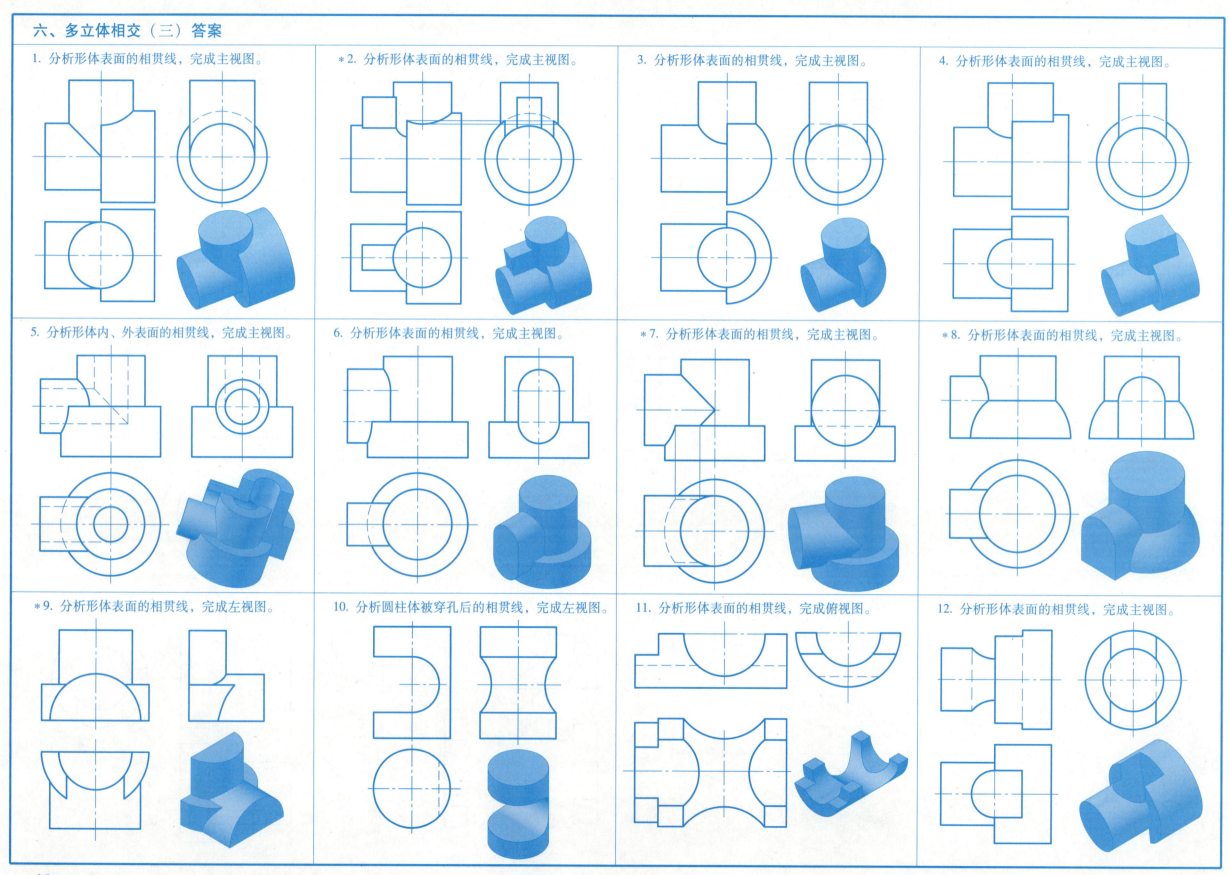

六、多立体相交（四）

1. 分析圆柱体被穿孔后的相贯线，完成左视图。

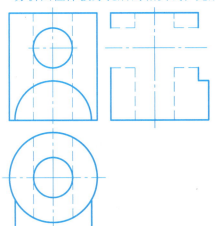

2. 分析形体表面的相贯线，完成主视图。

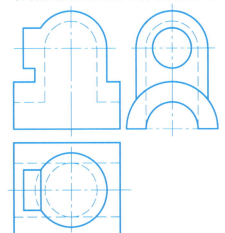

3. 分析形体表面的相贯线，完成主视图。

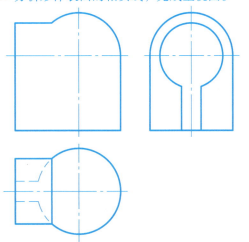

4. 分析形体表面的相贯线，完成主视图。

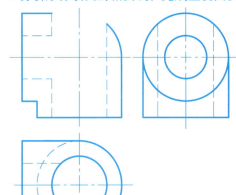

5. 分析形体表面的相贯线，完成左视图。

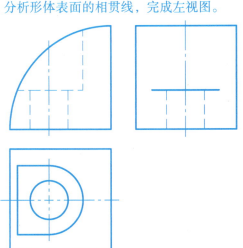

6. 分析形体表面的相贯线，完成左视图。

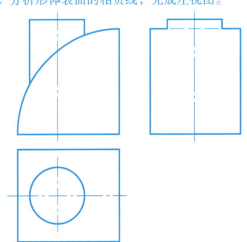

7. 分析形体表面的交线，完成左视图。

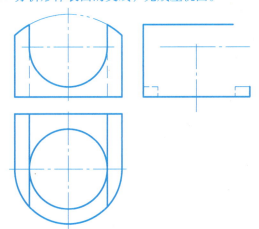

8. 分析形体表面的相贯线，完成左视图。

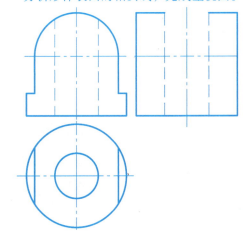

9. 分析半圆柱体与圆台体的相贯线，完成主、俯视图。

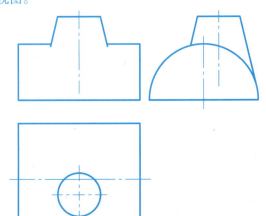

*10. 分析圆锥体与圆柱体的相贯线，完成主、俯视图。

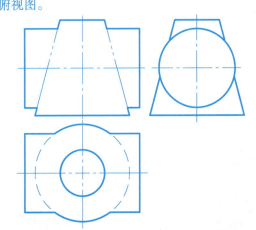

*11. 分析圆锥体与圆柱体的相贯线，完成主、俯视图。

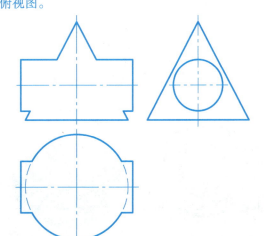

*12. 分析圆柱体与半球体的相贯线，完成主、左视图。

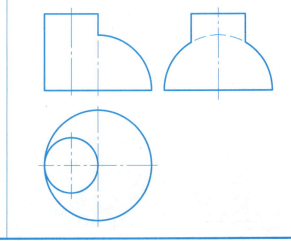

六、多立体相交（四）答案

1. 分析圆柱体被穿孔后的相贯线，完成左视图。
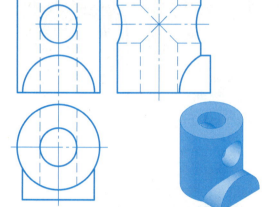

2. 分析形体表面的相贯线，完成主视图。
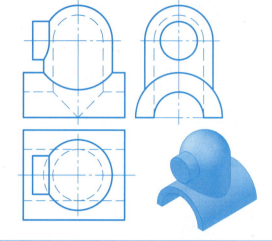

3. 分析形体表面的相贯线，完成主视图。
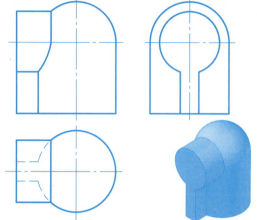

4. 分析形体表面的相贯线，完成主视图。
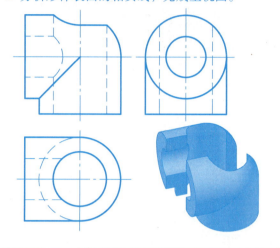

5. 分析形体表面的相贯线，完成左视图。
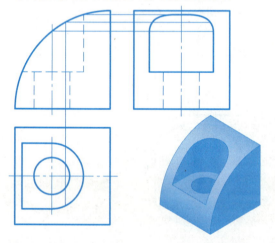

6. 分析形体表面的相贯线，完成左视图。
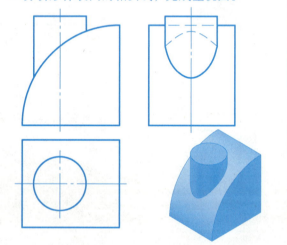

7. 分析形体表面的交线，完成左视图。
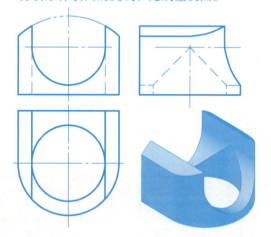

8. 分析形体表面的相贯线，完成左视图。
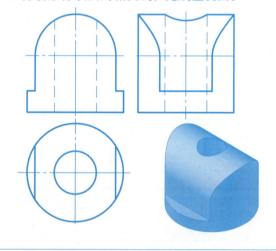

9. 分析半圆柱体与圆台体的相贯线，完成主、俯视图。
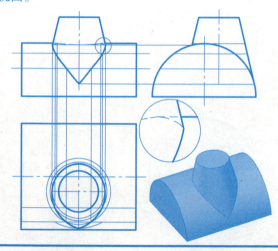

*10. 分析圆锥体与圆柱体的相贯线，完成主、俯视图。
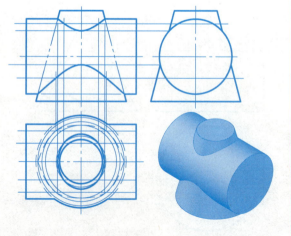

*11. 分析圆锥体与圆柱体的相贯线，完成主、俯视图。
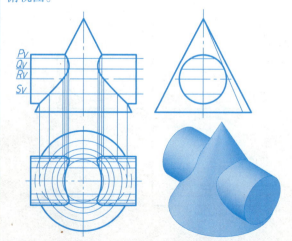

*12. 分析圆柱体与半球体的相贯线，完成主、左视图。
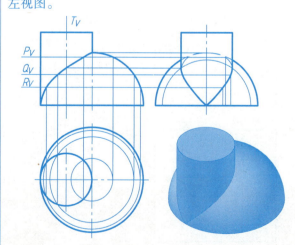

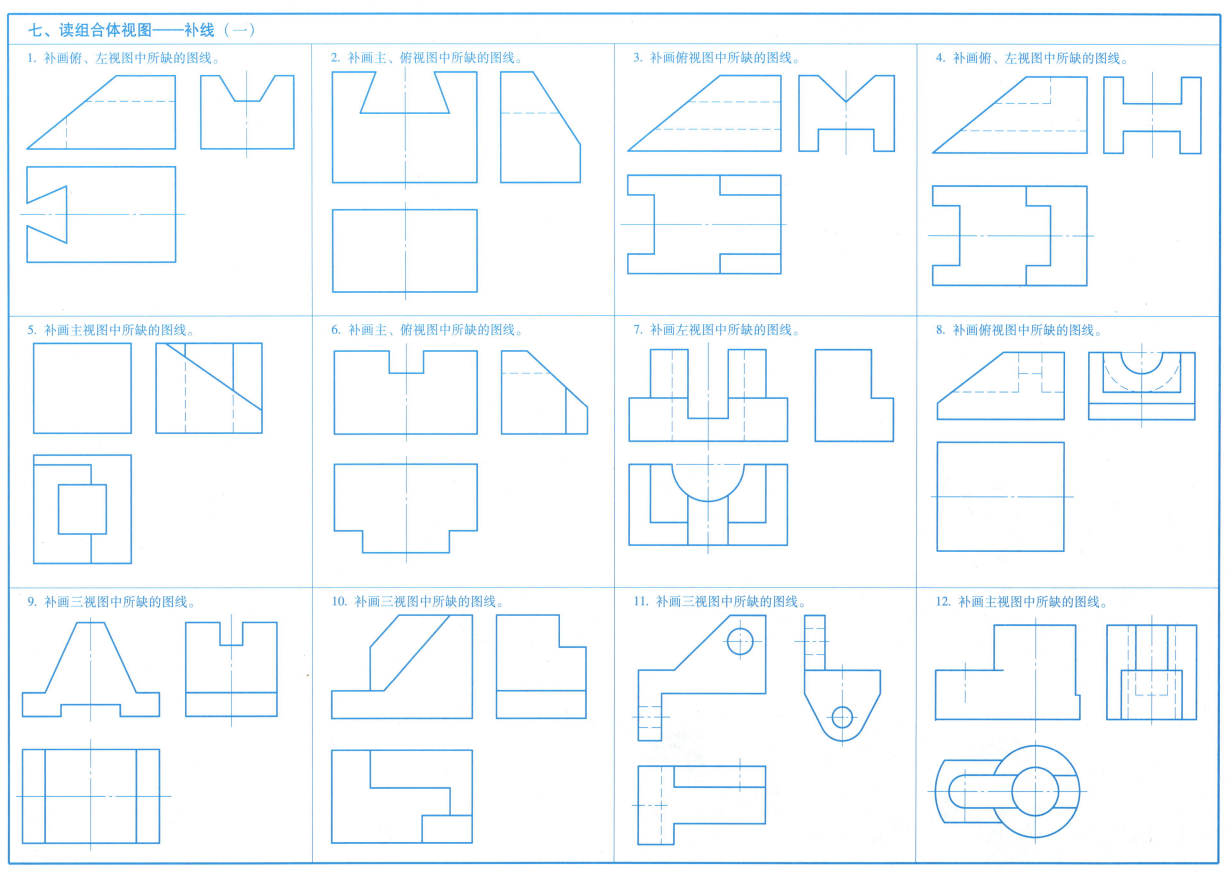

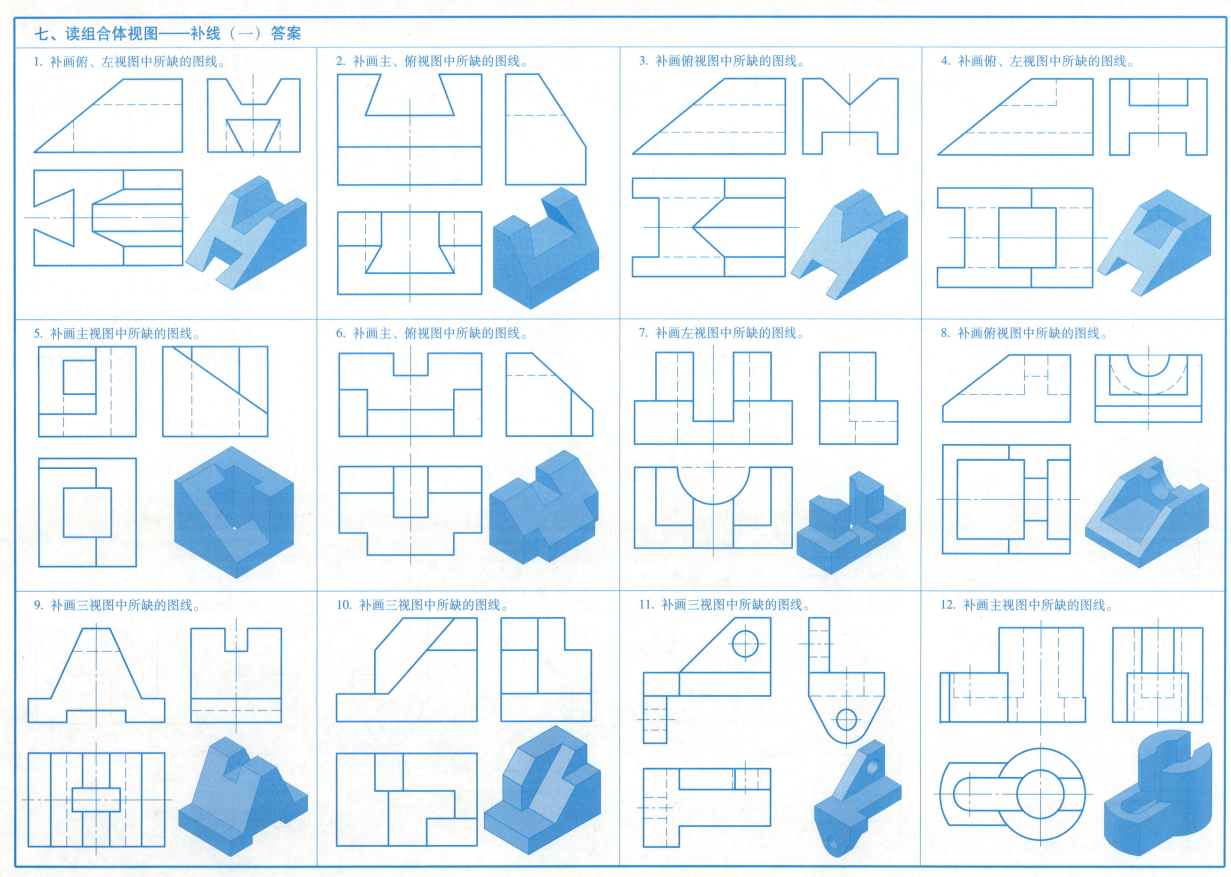

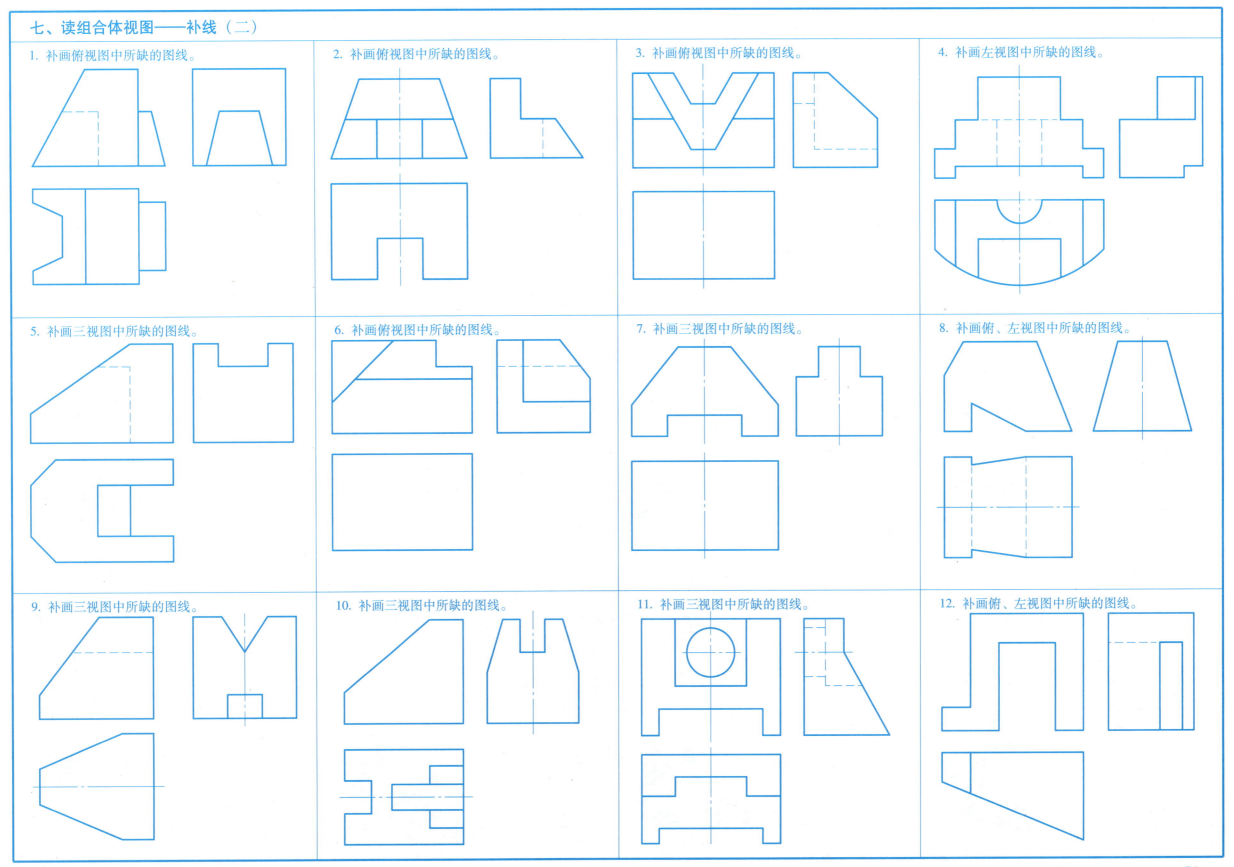

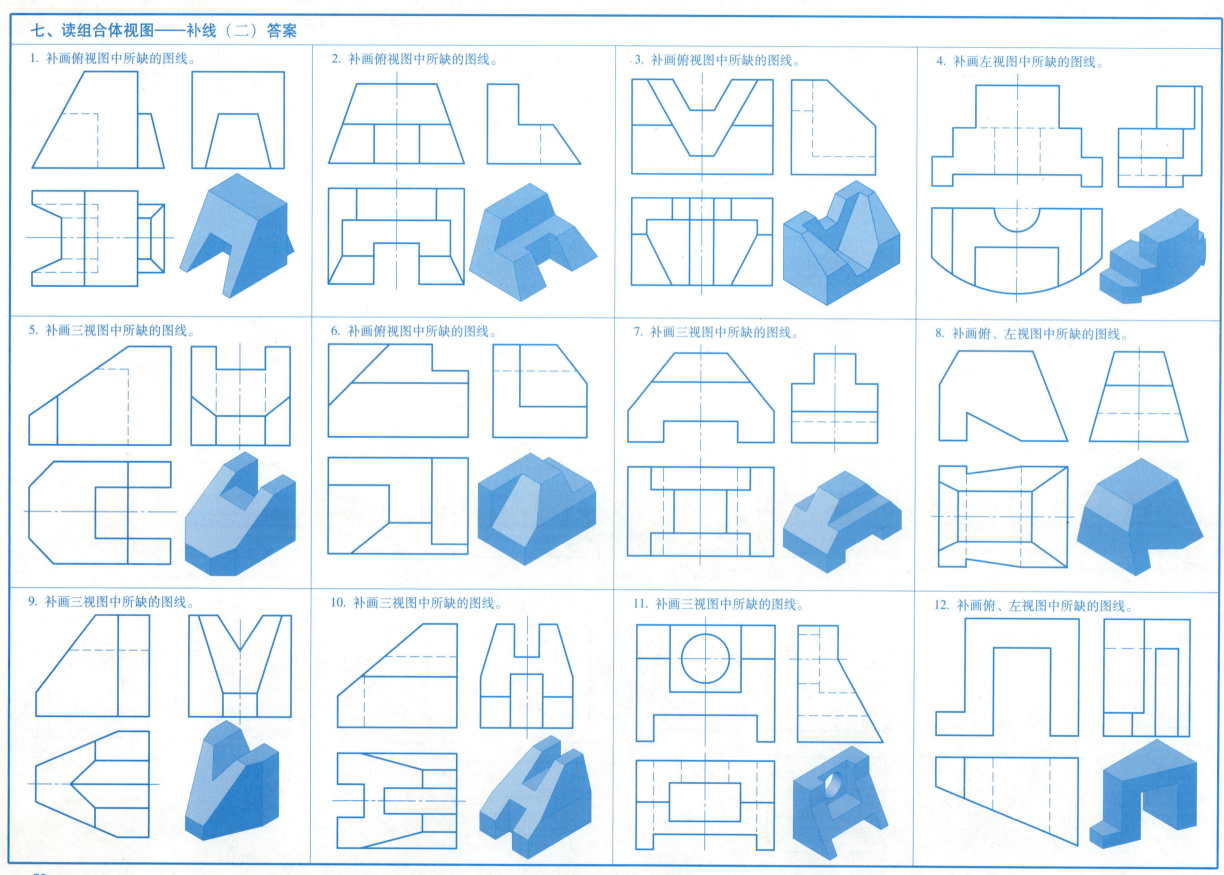

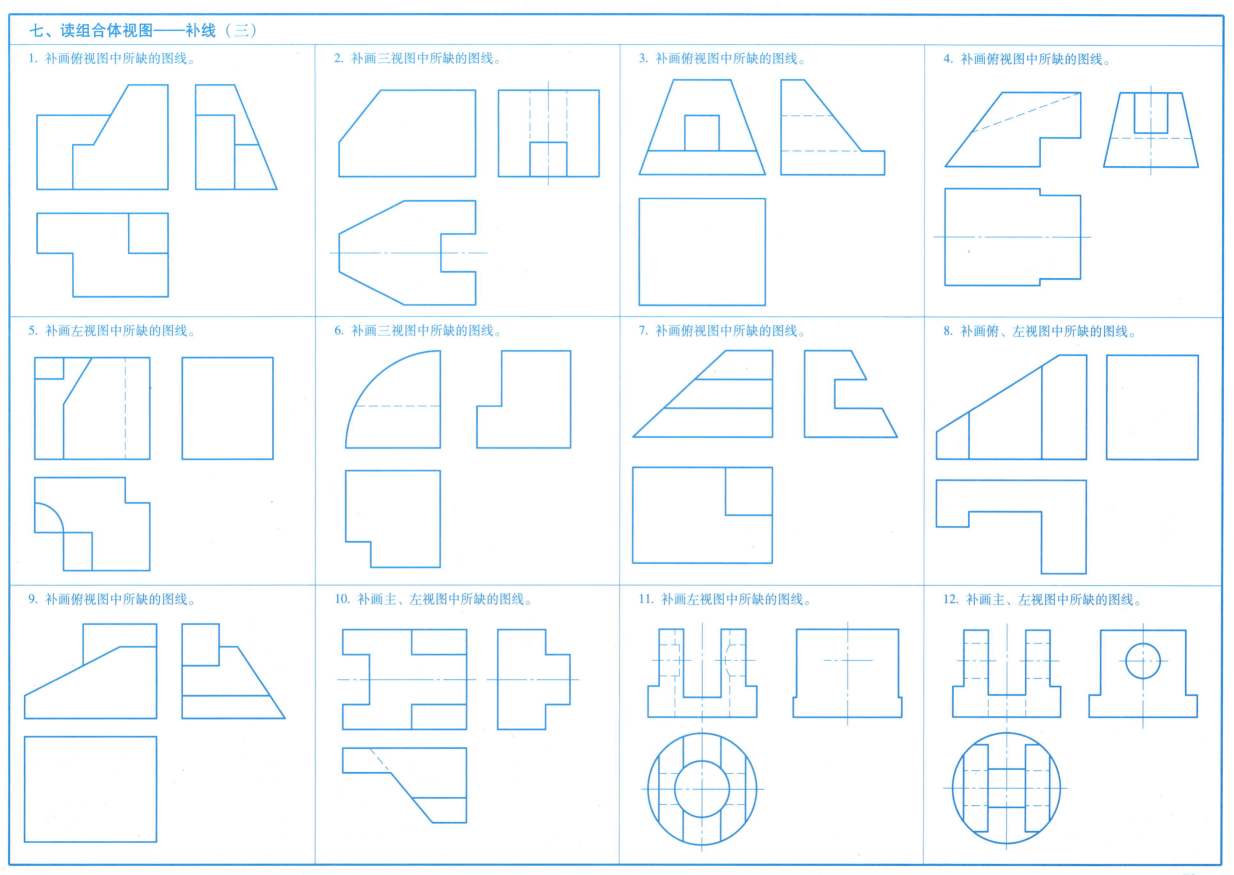

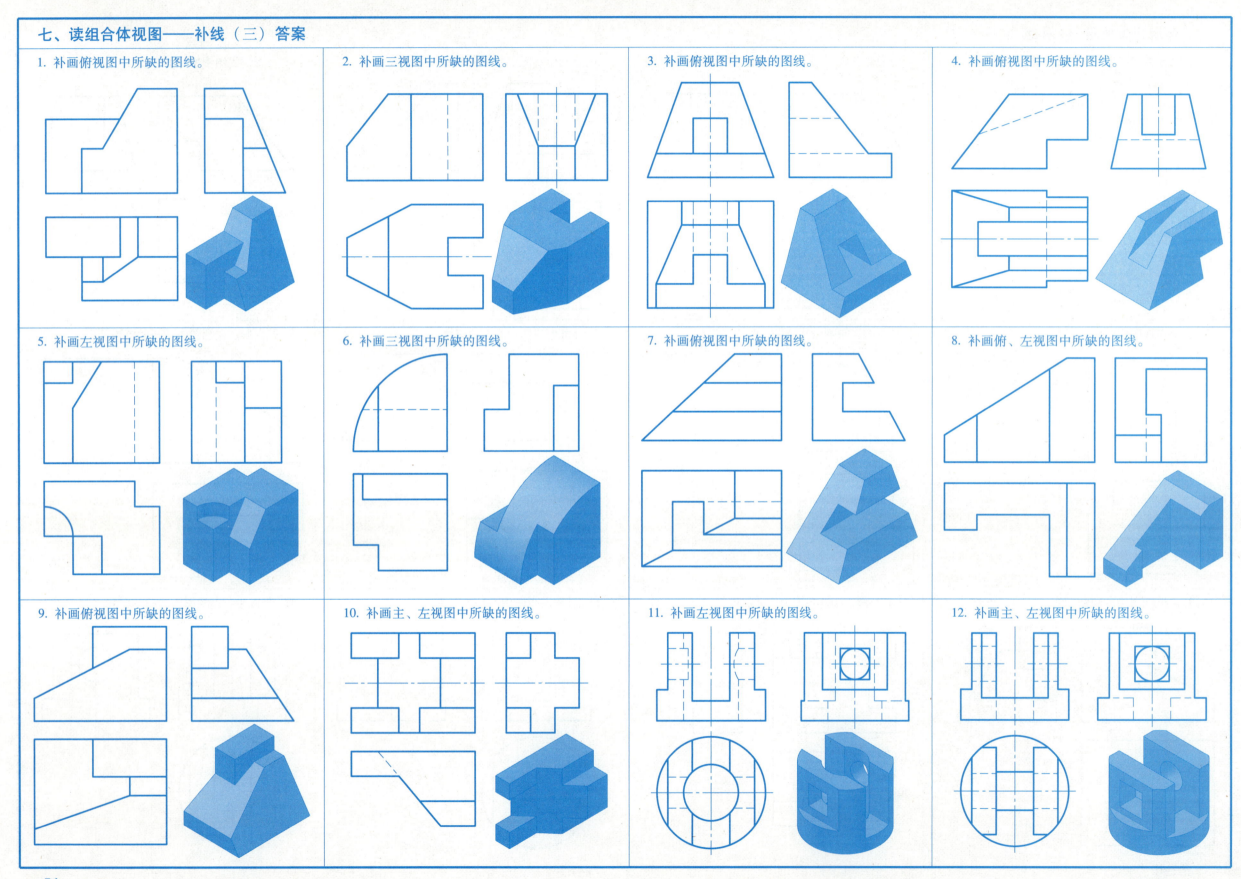

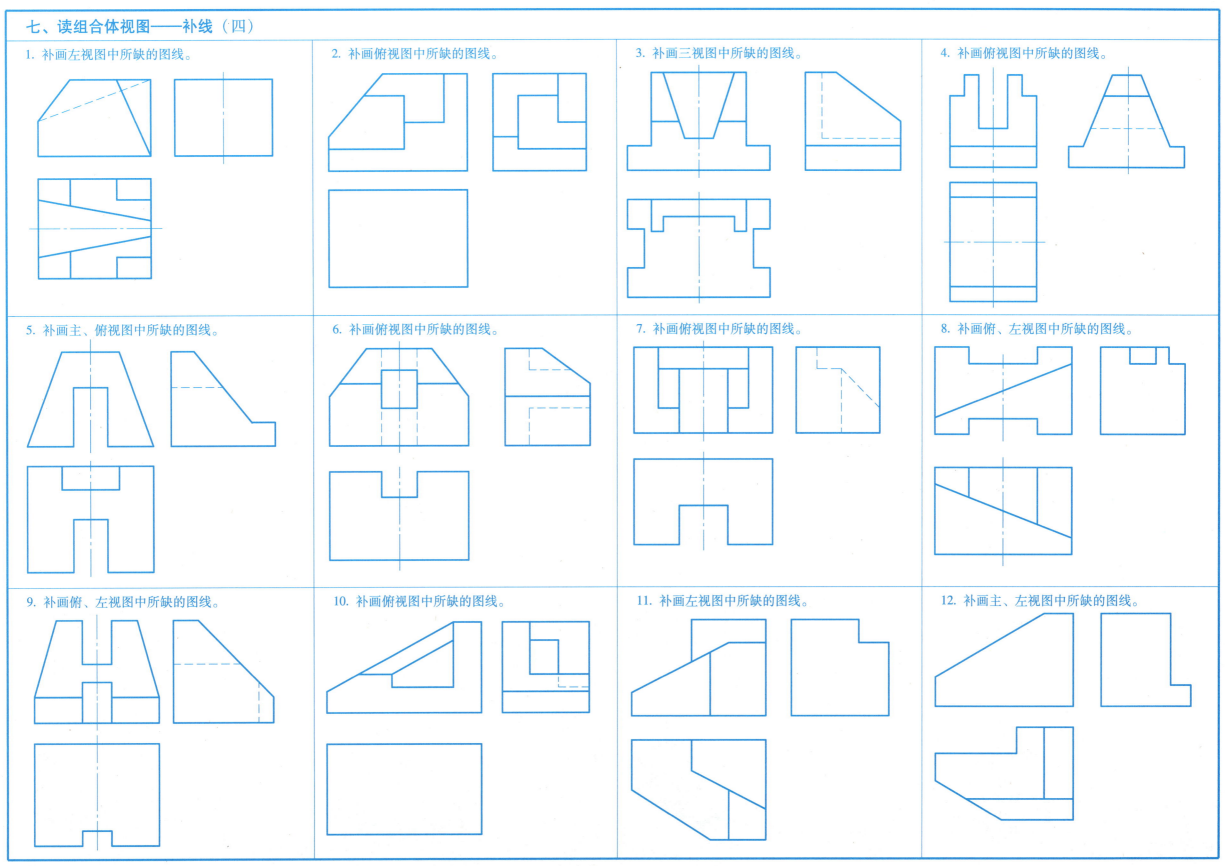

七、读组合体视图——补线（四）答案

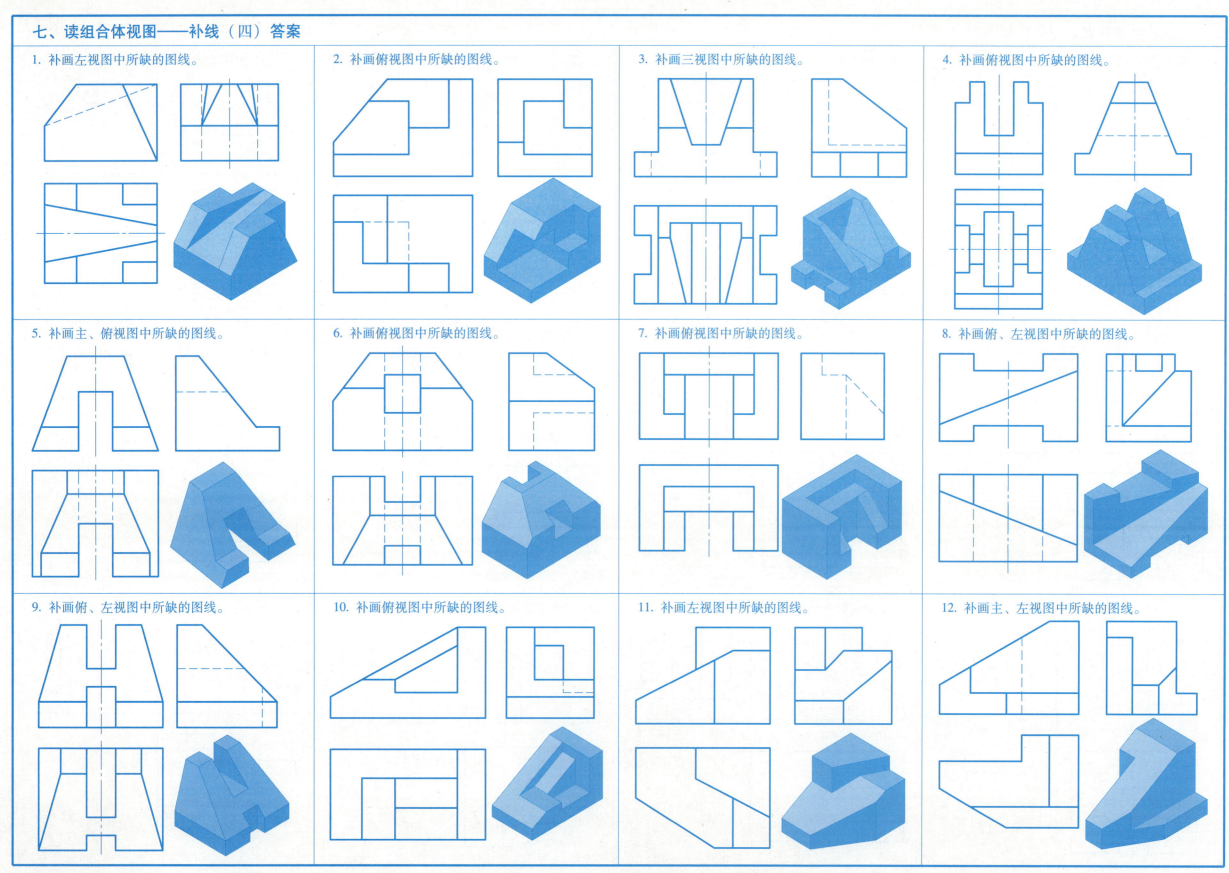

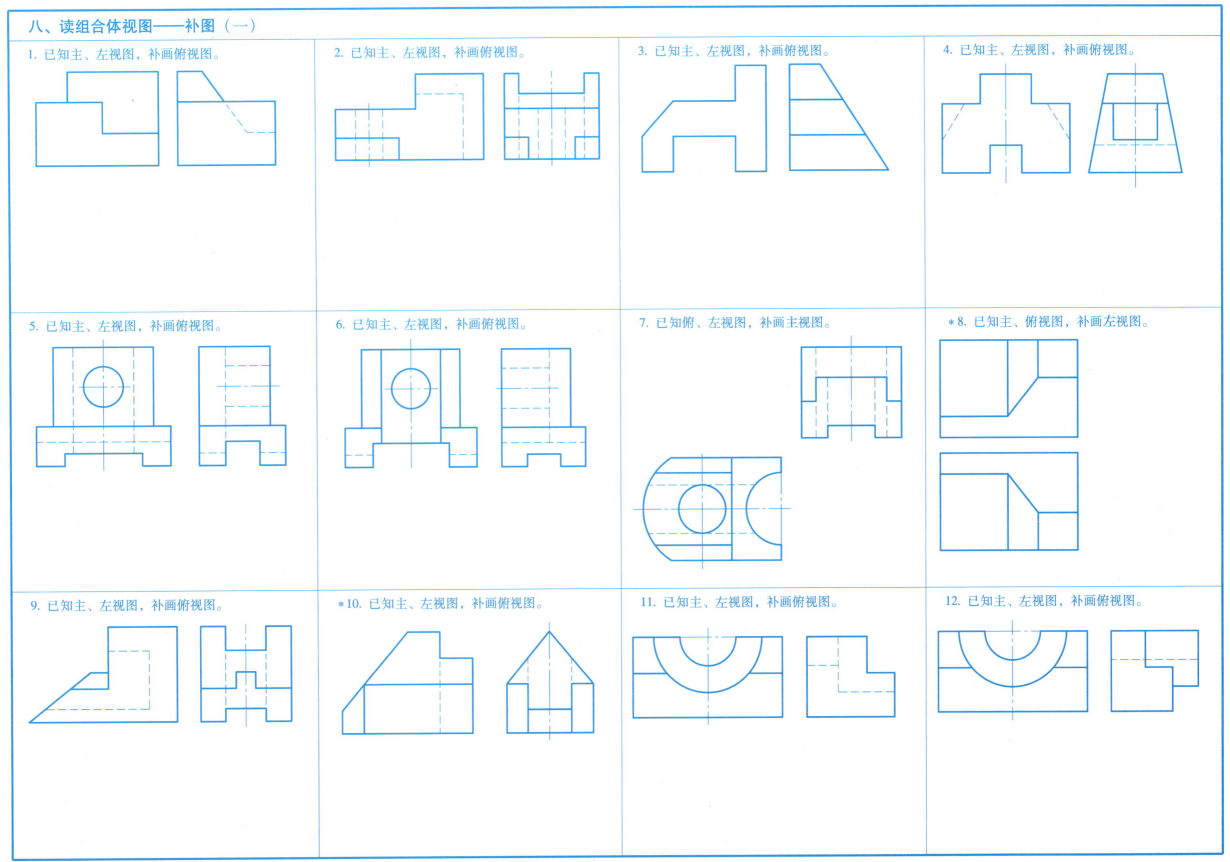

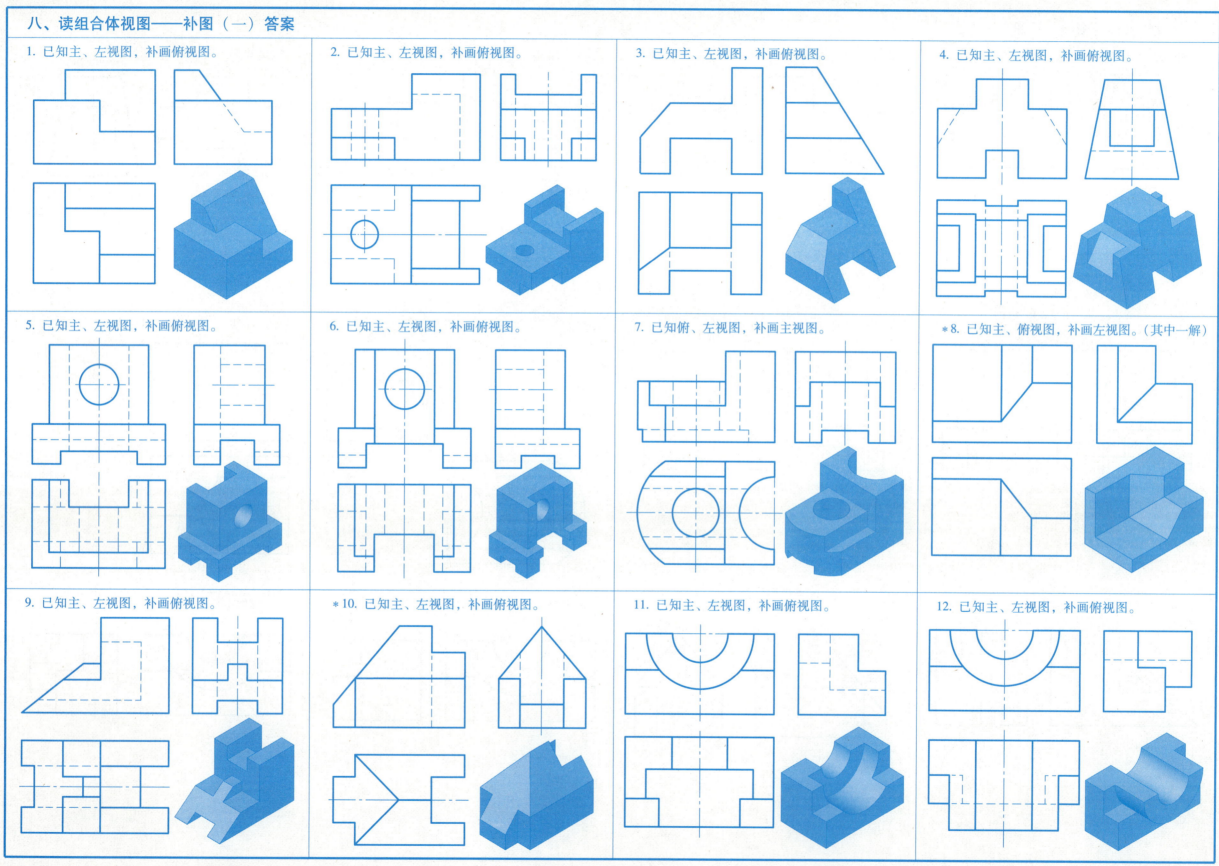

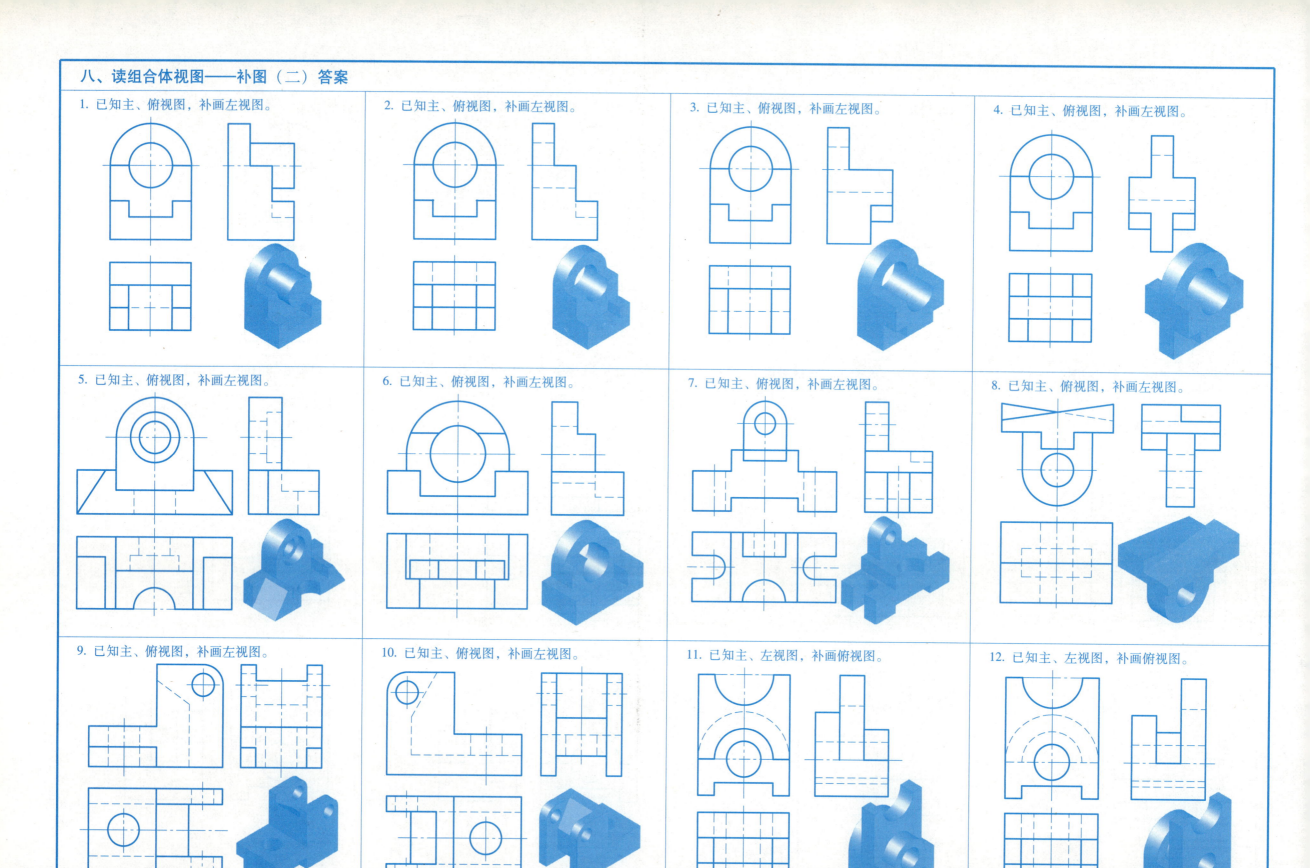

八、读组合体视图——补图（三）

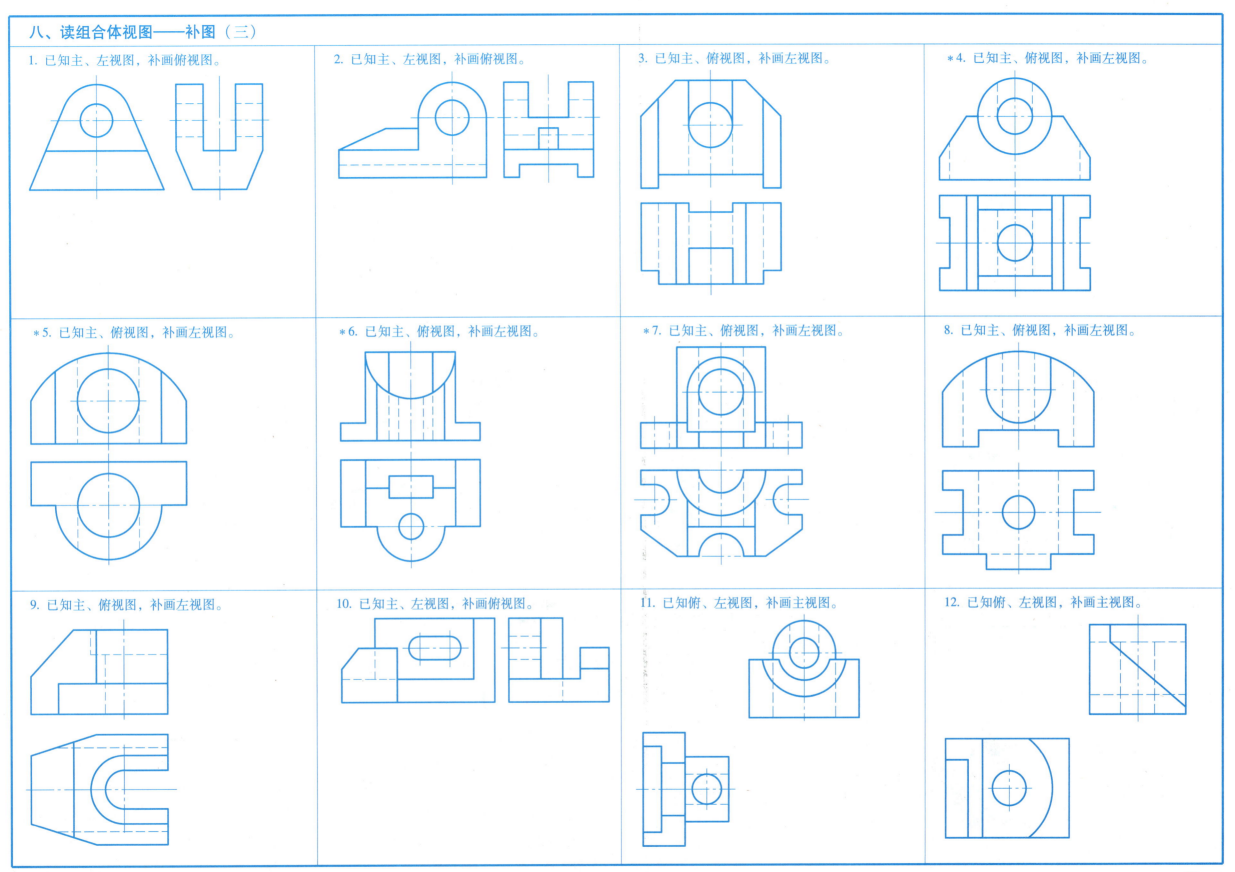

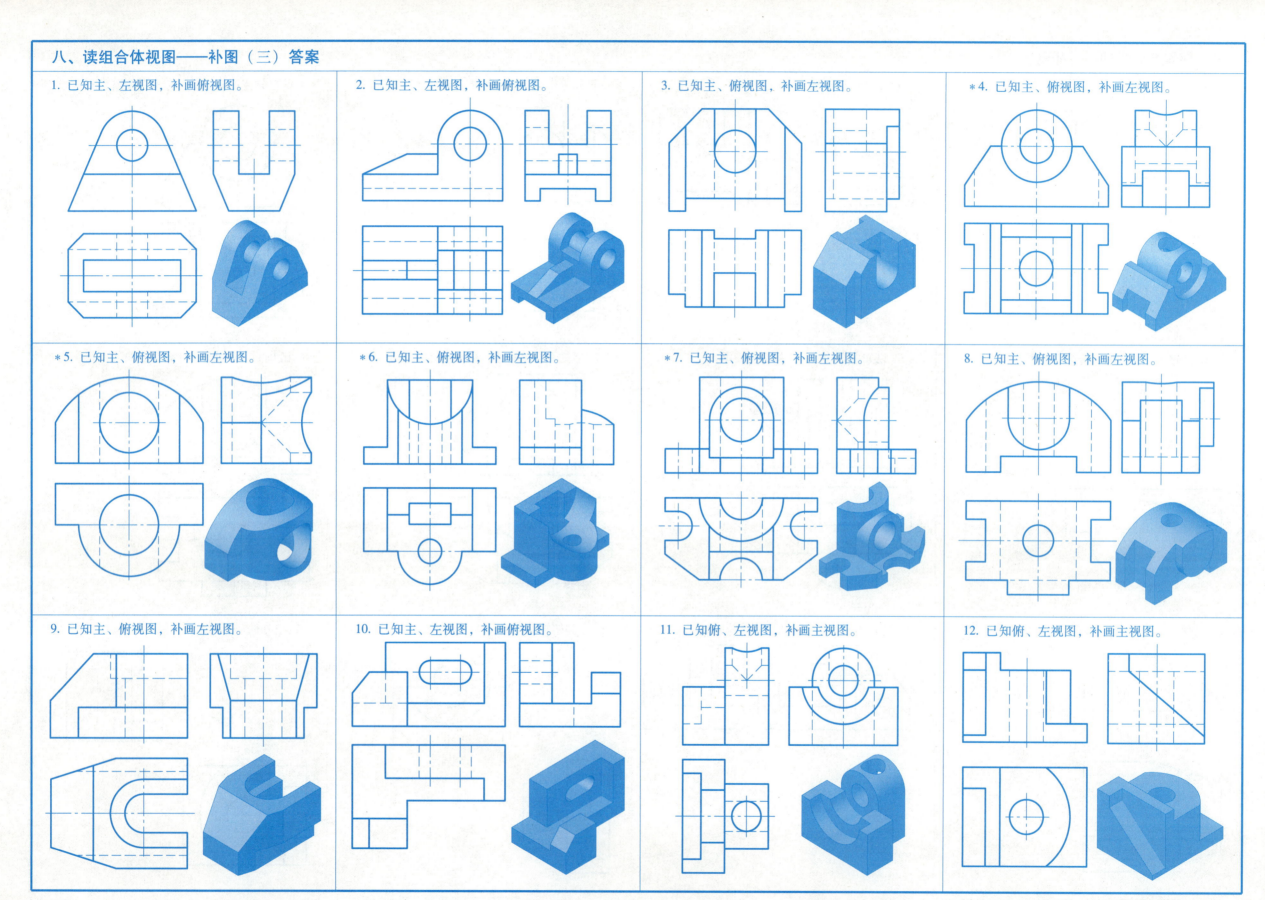

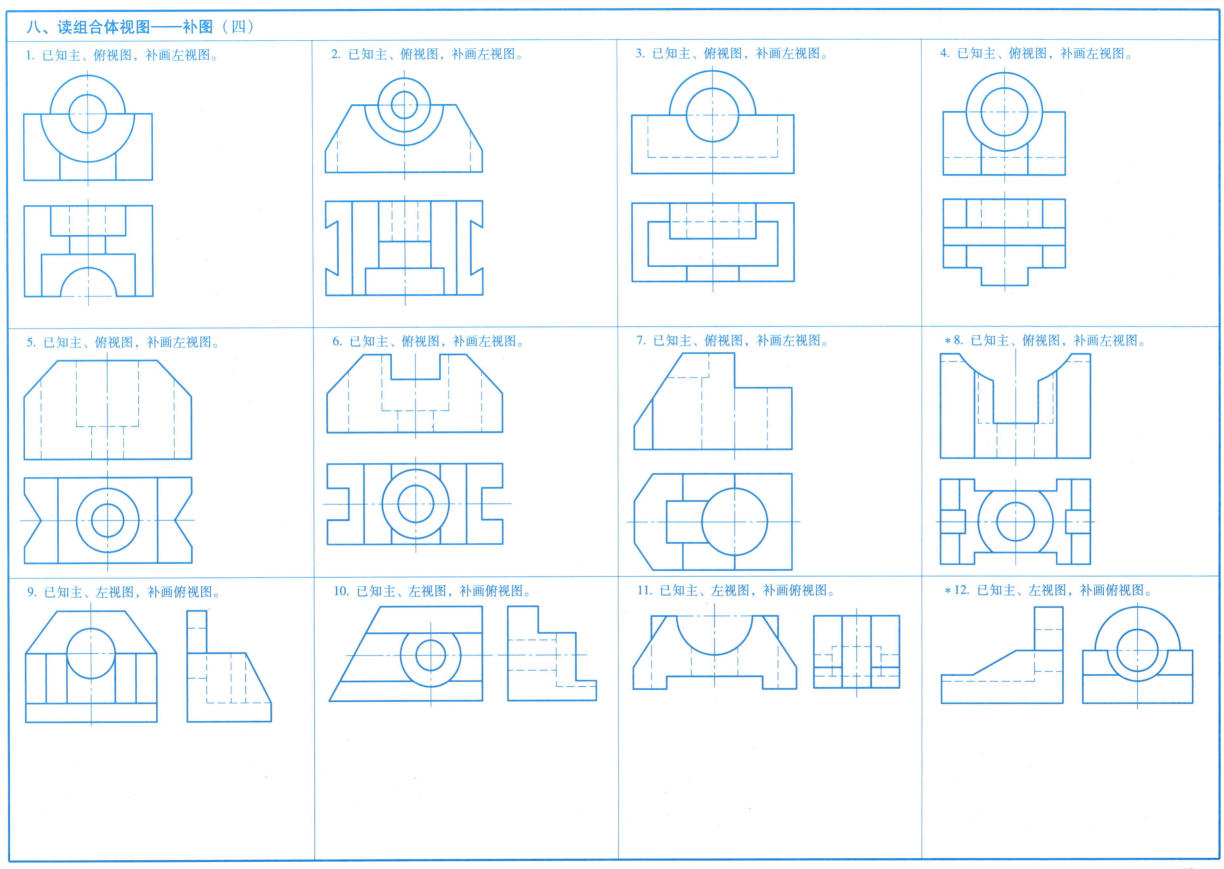

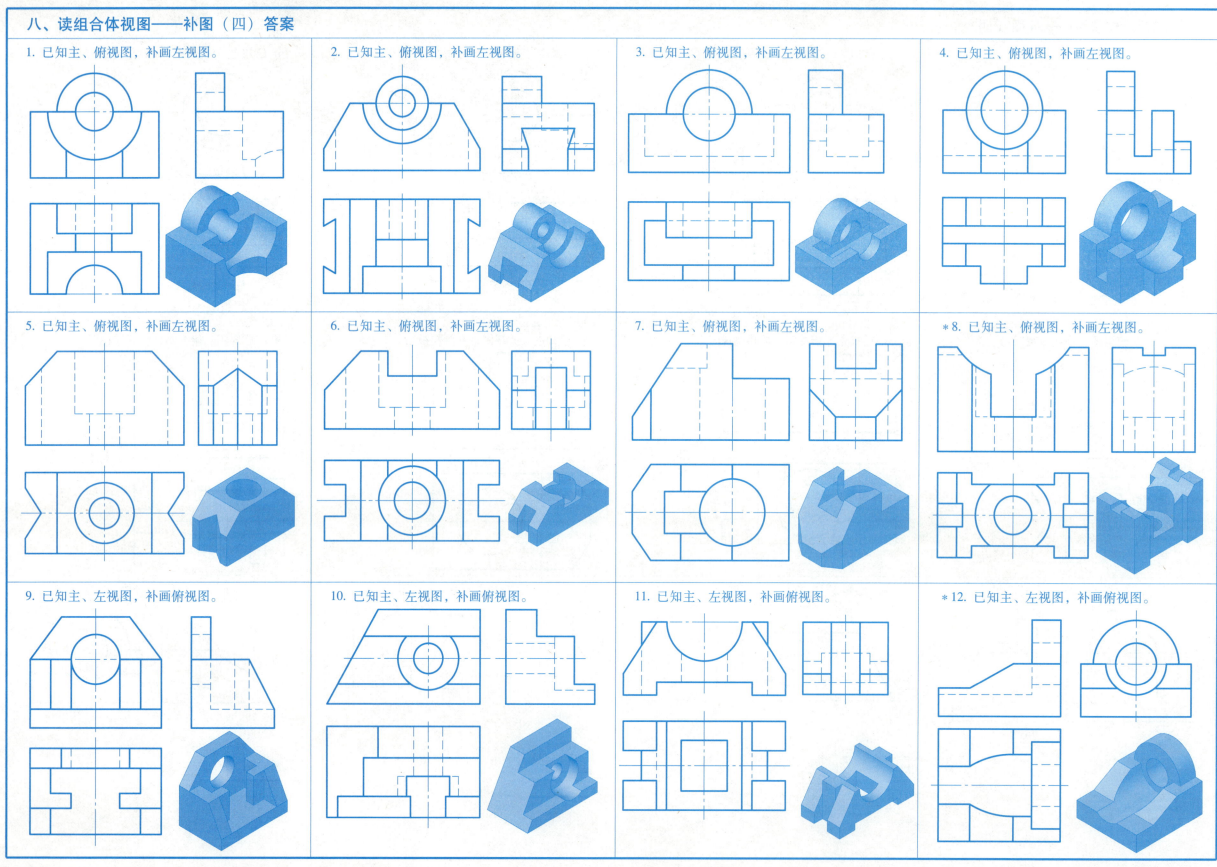

九、组合体的尺寸标注（一）

1. 补全视图中所缺尺寸，数值直接按 1:1 的比例从图中量取后取整数。

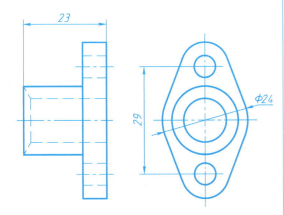

2. 补全视图中所缺尺寸，数值直接按 1:1 的比例从图中量取后取整数。

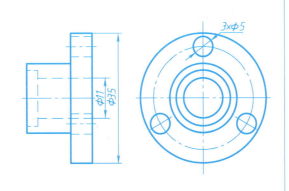

3. 补全视图中所缺尺寸，数值直接按 1:1 的比例从图中量取后取整数。

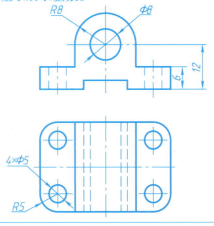

4. 补全视图中所缺尺寸，数值直接按 1:1 的比例从图中量取后取整数。

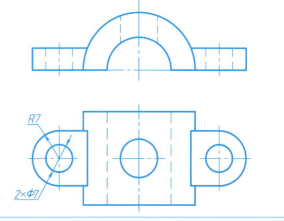

5. 补全视图中所缺尺寸，数值直接按 1:1 的比例从图中量取后取整数。

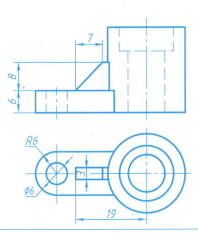

6. 补全视图中所缺尺寸，数值直接按 1:1 的比例从图中量取后取整数。

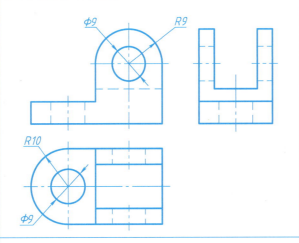

7. 补全视图中所缺尺寸，数值直接按 1:1 的比例从图中量取后取整数。

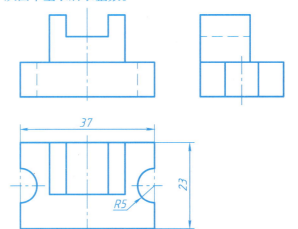

8. 补全视图中所缺尺寸，数值直接按 1:1 的比例从图中量取后取整数。

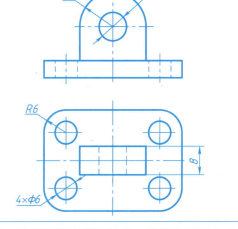

9. 补全视图中所缺尺寸，数值直接按 1:1 的比例从图中量取后取整数。

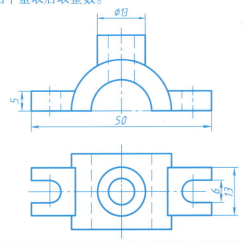

10. 补全视图中所缺尺寸，数值直接按 1:1 的比例从图中量取后取整数。

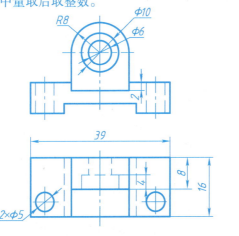

11. 补全视图中所缺尺寸，数值直接按 1:1 的比例从图中量取后取整数。

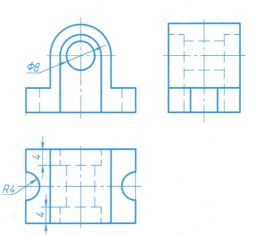

12. 补全视图中所缺尺寸，数值直接按 1:1 的比例从图中量取后取整数。

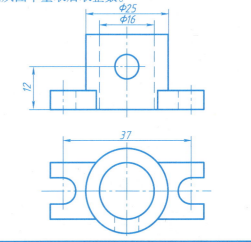

九、组合体的尺寸标注（一）答案

1. 补全视图中所缺尺寸，数值直接按 1:1 的比例从图中量取后取整数。

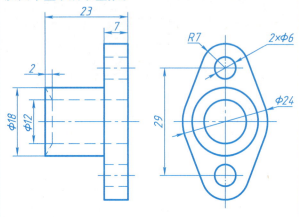

2. 补全视图中所缺尺寸，数值直接按 1:1 的比例从图中量取后取整数。

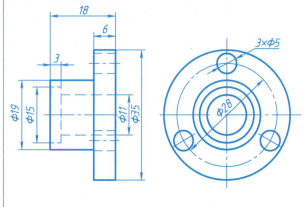

3. 补全视图中所缺尺寸，数值直接按 1:1 的比例从图中量取后取整数。

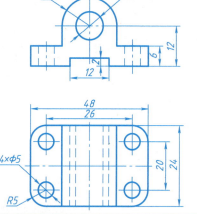

4. 补全视图中所缺尺寸，数值直接按 1:1 的比例从图中量取后取整数。

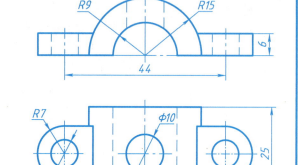

5. 补全视图中所缺尺寸，数值直接按 1:1 的比例从图中量取后取整数。

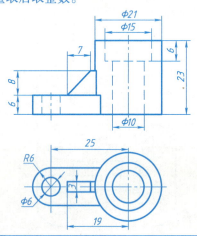

6. 补全视图中所缺尺寸，数值直接按 1:1 的比例从图中量取后取整数。

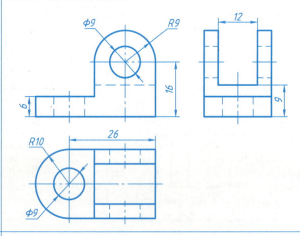

7. 补全视图中所缺尺寸，数值直接按 1:1 的比例从图中量取后取整数。

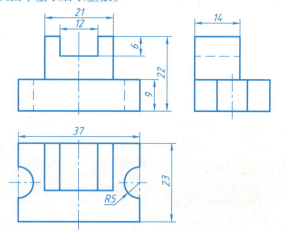

8. 补全视图中所缺尺寸，数值直接按 1:1 的比例从图中量取后取整数。

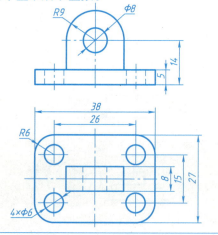

9. 补全视图中所缺尺寸，数值直接按 1:1 的比例从图中量取后取整数。

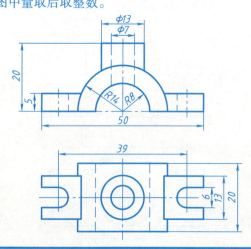

10. 补全视图中所缺尺寸，数值直接按 1:1 的比例从图中量取后取整数。

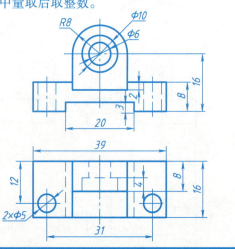

11. 补全视图中所缺尺寸，数值直接按 1:1 的比例从图中量取后取整数。

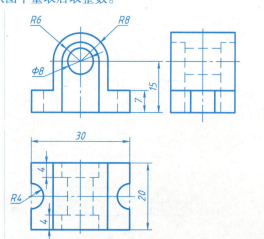

12. 补全视图中所缺尺寸，数值直接按 1:1 的比例从图中量取后取整数。

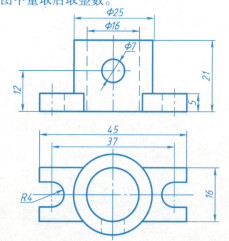

九、组合体的尺寸标注（二）

1. 补全视图中所缺尺寸，数值直接按1:1的比例从图中量取后取整数。

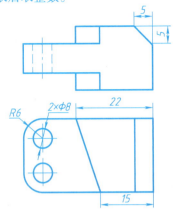

2. 补全视图中所缺尺寸，数值直接按1:1的比例从图中量取后取整数。

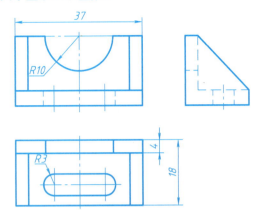

3. 补全视图中所缺尺寸，数值直接按1:1的比例从图中量取后取整数。

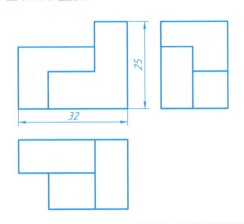

4. 补全视图中所缺尺寸，数值直接按1:1的比例从图中量取后取整数。

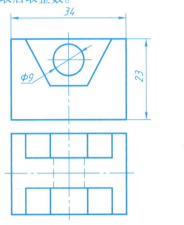

5. 补全视图中所缺尺寸，数值直接按1:1的比例从图中量取后取整数。

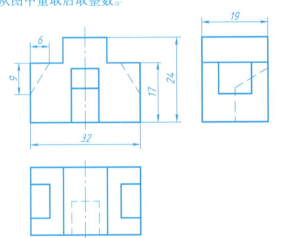

6. 补全视图中所缺尺寸，数值直接按1:1的比例从图中量取后取整数。

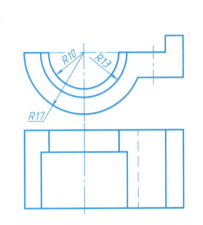

7. 补全视图中所缺尺寸，数值直接按1:1的比例从图中量取后取整数。

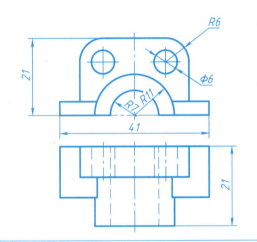

8. 补全视图中所缺尺寸，数值直接按1:1的比例从图中量取后取整数。

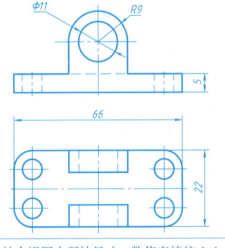

9. 补全视图中所缺尺寸，数值直接按1:1的比例从图中量取后取整数。

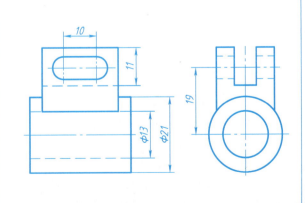

10. 补全视图中所缺尺寸，数值直接按1:1的比例从图中量取后取整数。

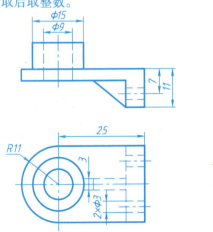

11. 补全视图中所缺尺寸，数值直接按1:1的比例从图中量取后取整数。

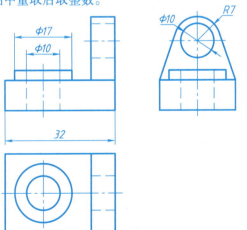

12. 补全视图中所缺尺寸，数值直接按1:1的比例从图中量取后取整数。

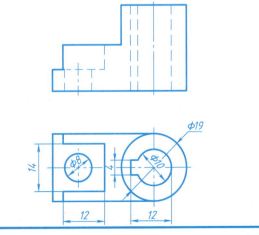

九、组合体的尺寸标注（二）答案

1. 补全视图中所缺尺寸，数值直接按 1:1 的比例从图中量取后取整数。

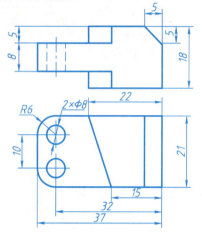

2. 补全视图中所缺尺寸，数值直接按 1:1 的比例从图中量取后取整数。

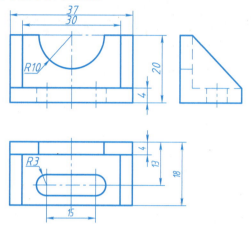

3. 补全视图中所缺尺寸，数值直接按 1:1 的比例从图中量取后取整数。

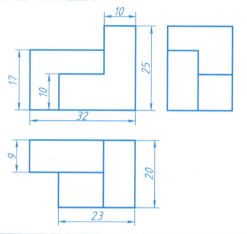

4. 补全视图中所缺尺寸，数值直接按 1:1 的比例从图中量取后取整数。

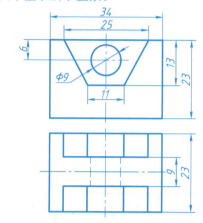

5. 补全视图中所缺尺寸，数值直接按 1:1 的比例从图中量取后取整数。

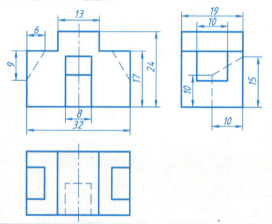

6. 补全视图中所缺尺寸，数值直接按 1:1 的比例从图中量取后取整数。

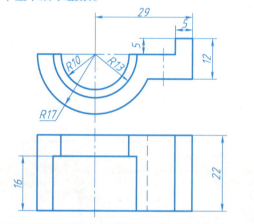

7. 补全视图中所缺尺寸，数值直接按 1:1 的比例从图中量取后取整数。

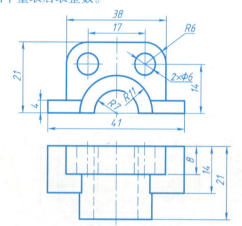

8. 补全视图中所缺尺寸，数值直接按 1:1 的比例从图中量取后取整数。

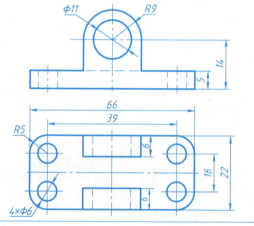

9. 补全视图中所缺尺寸，数值直接按 1:1 的比例从图中量取后取整数。

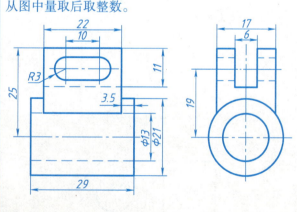

10. 补全视图中所缺尺寸，数值直接按 1:1 的比例从图中量取后取整数。

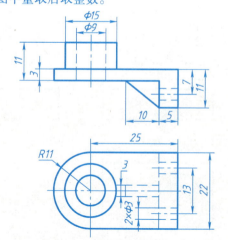

11. 补全视图中所缺尺寸，数值直接按 1:1 的比例从图中量取后取整数。

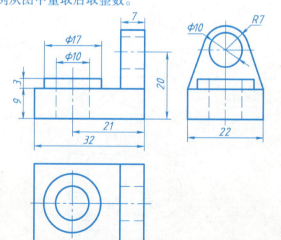

12. 补全视图中所缺尺寸，数值直接按 1:1 的比例从图中量取后取整数。

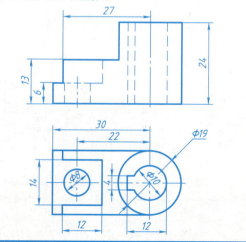

九、组合体的尺寸标注（三）

1. 补全视图中所缺尺寸，数值直接按 1:1 的比例从图中量取后取整数。

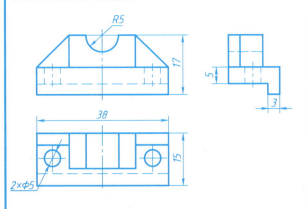

2. 补全视图中所缺尺寸，数值直接按 1:1 的比例从图中量取后取整数。

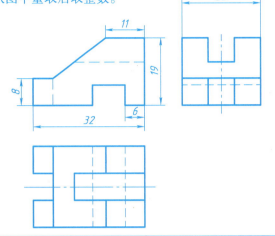

3. 补全视图中所缺尺寸，数值直接按 1:1 的比例从图中量取后取整数。

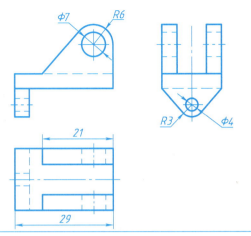

4. 补全视图中所缺尺寸，数值直接按 1:1 的比例从图中量取后取整数。

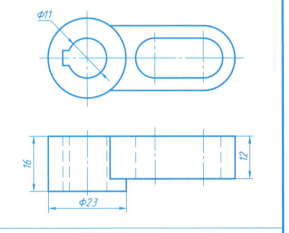

5. 补全视图中所缺尺寸，数值直接按 1:1 的比例从图中量取后取整数。

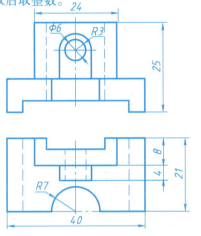

6. 补全视图中所缺尺寸，数值直接按 1:1 的比例从图中量取后取整数。

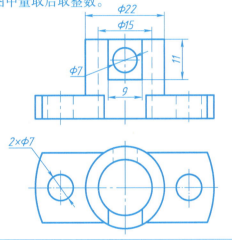

7. 补全视图中所缺尺寸，数值直接按 1:1 的比例从图中量取后取整数。

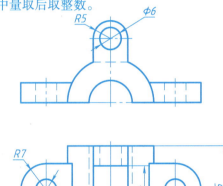

8. 补全视图中所缺尺寸，数值直接按 1:1 的比例从图中量取后取整数。

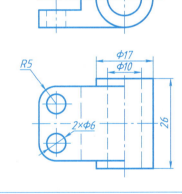

9. 补全视图中所缺尺寸，数值直接按 1:1 的比例从图中量取后取整数。

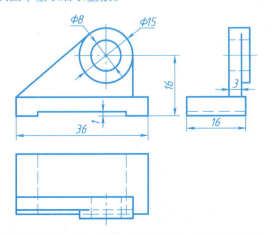

10. 补全视图中所缺尺寸，数值直接按 1:1 的比例从图中量取后取整数。

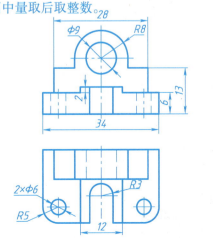

11. 补全视图中所缺尺寸，数值直接按 1:1 的比例从图中量取后取整数。

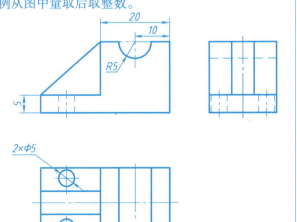

12. 补全视图中所缺尺寸，数值直接按 1:1 的比例从图中量取后取整数。

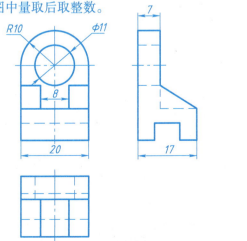

九、组合体的尺寸标注（三）答案

1. 补全视图中所缺尺寸，数值直接按 1:1 的比例从图中量取后取整数。

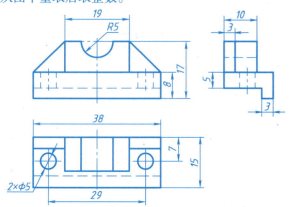

2. 补全视图中所缺尺寸，数值直接按 1:1 的比例从图中量取后取整数。

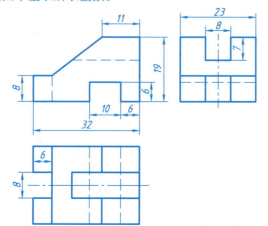

3. 补全视图中所缺尺寸，数值直接按 1:1 的比例从图中量取后取整数。

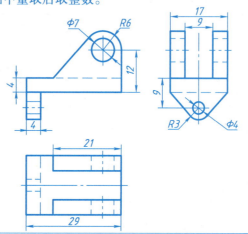

4. 补全视图中所缺尺寸，数值直接按 1:1 的比例从图中量取后取整数。

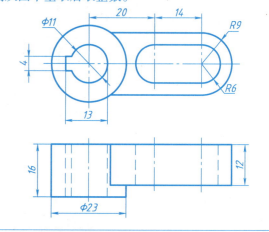

5. 补全视图中所缺尺寸，数值直接按 1:1 的比例从图中量取后取整数。

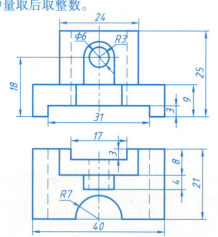

6. 补全视图中所缺尺寸，数值直接按 1:1 的比例从图中量取后取整数。

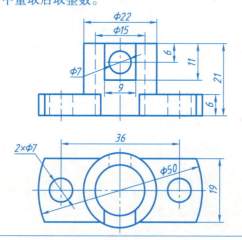

7. 补全视图中所缺尺寸，数值直接按 1:1 的比例从图中量取后取整数。

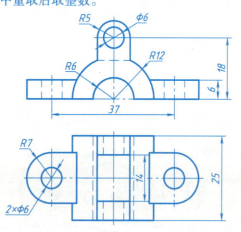

8. 补全视图中所缺尺寸，数值直接按 1:1 的比例从图中量取后取整数。

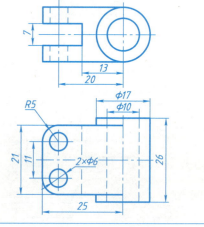

9. 补全视图中所缺尺寸，数值直接按 1:1 的比例从图中量取后取整数。

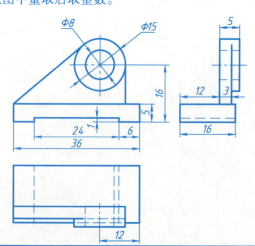

10. 补全视图中所缺尺寸，数值直接按 1:1 的比例从图中量取后取整数。

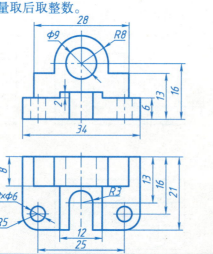

11. 补全视图中所缺尺寸，数值直接按 1:1 的比例从图中量取后取整数。

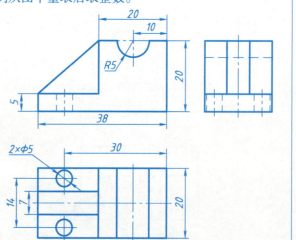

12. 补全视图中所缺尺寸，数值直接按 1:1 的比例从图中量取后取整数。

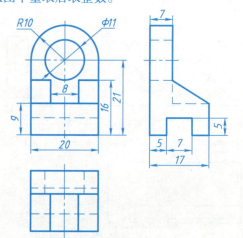

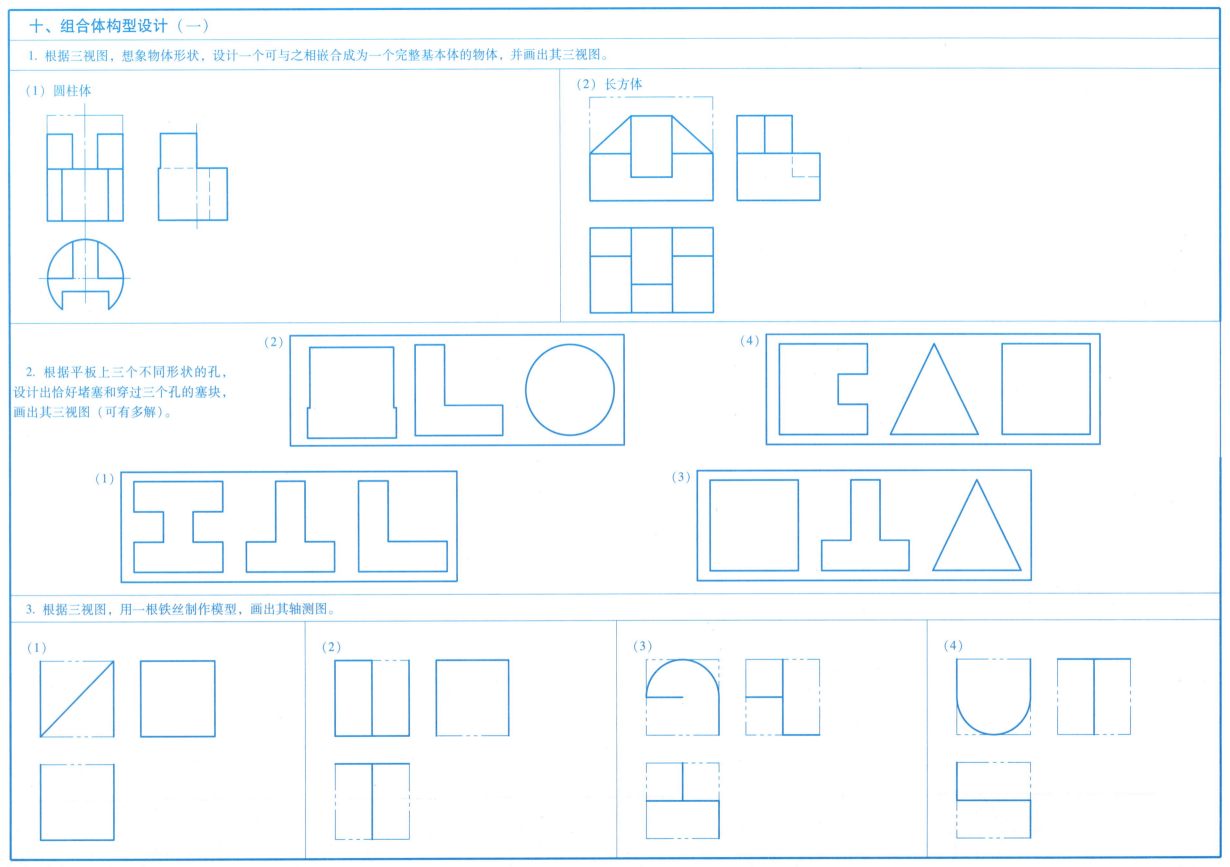

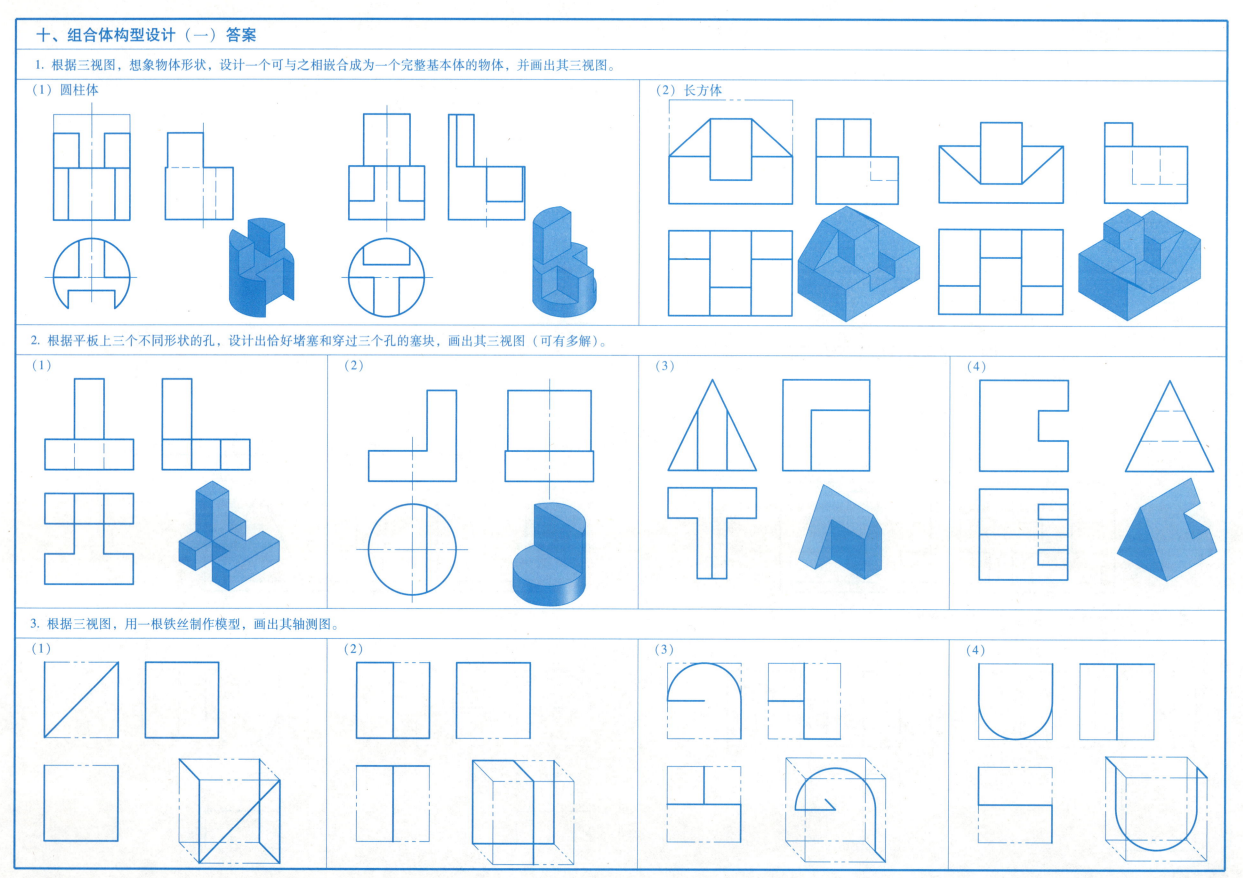

十、组合体构型设计（二）

根据主、俯视图，补画左视图。

1.

2.

3.

4.

5.

6.

7.

8.

9.

10.

11.

12.

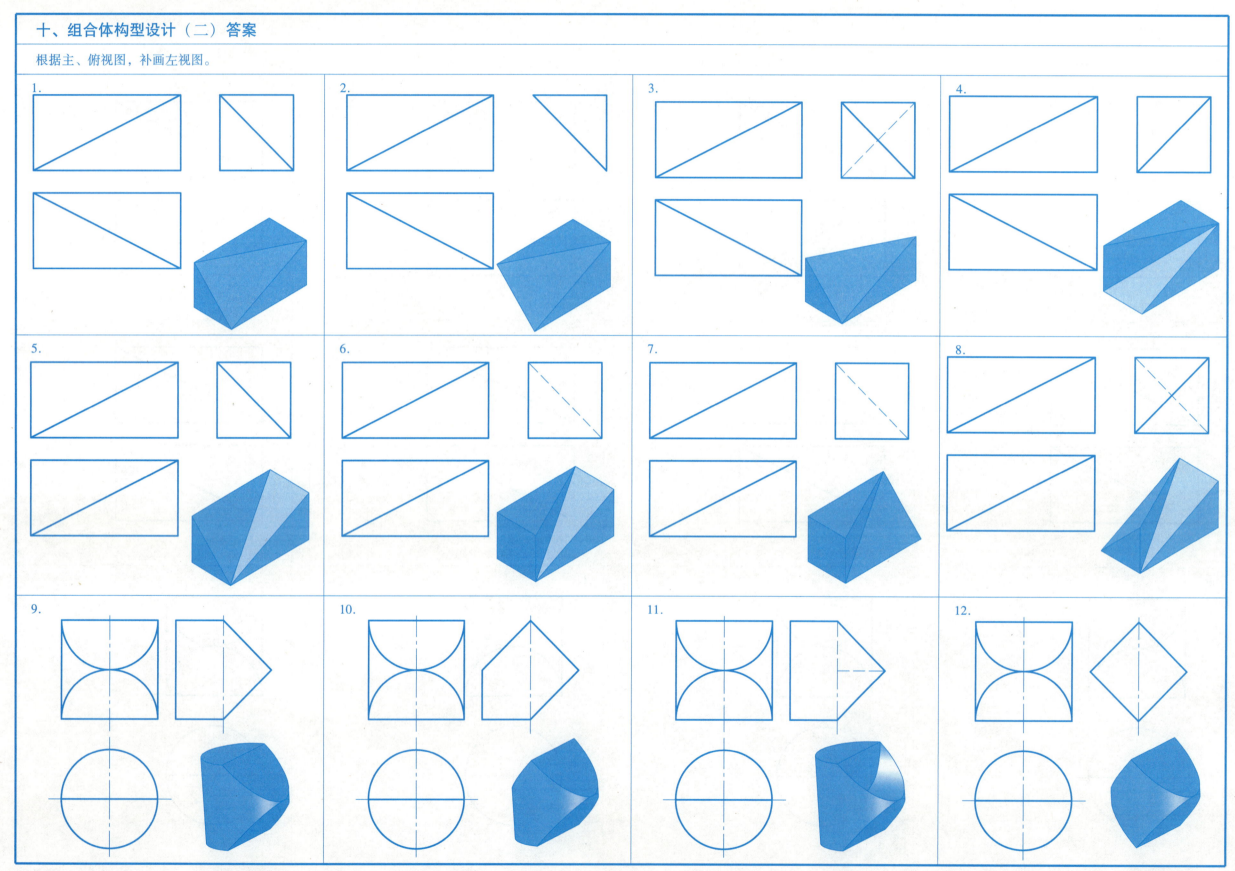

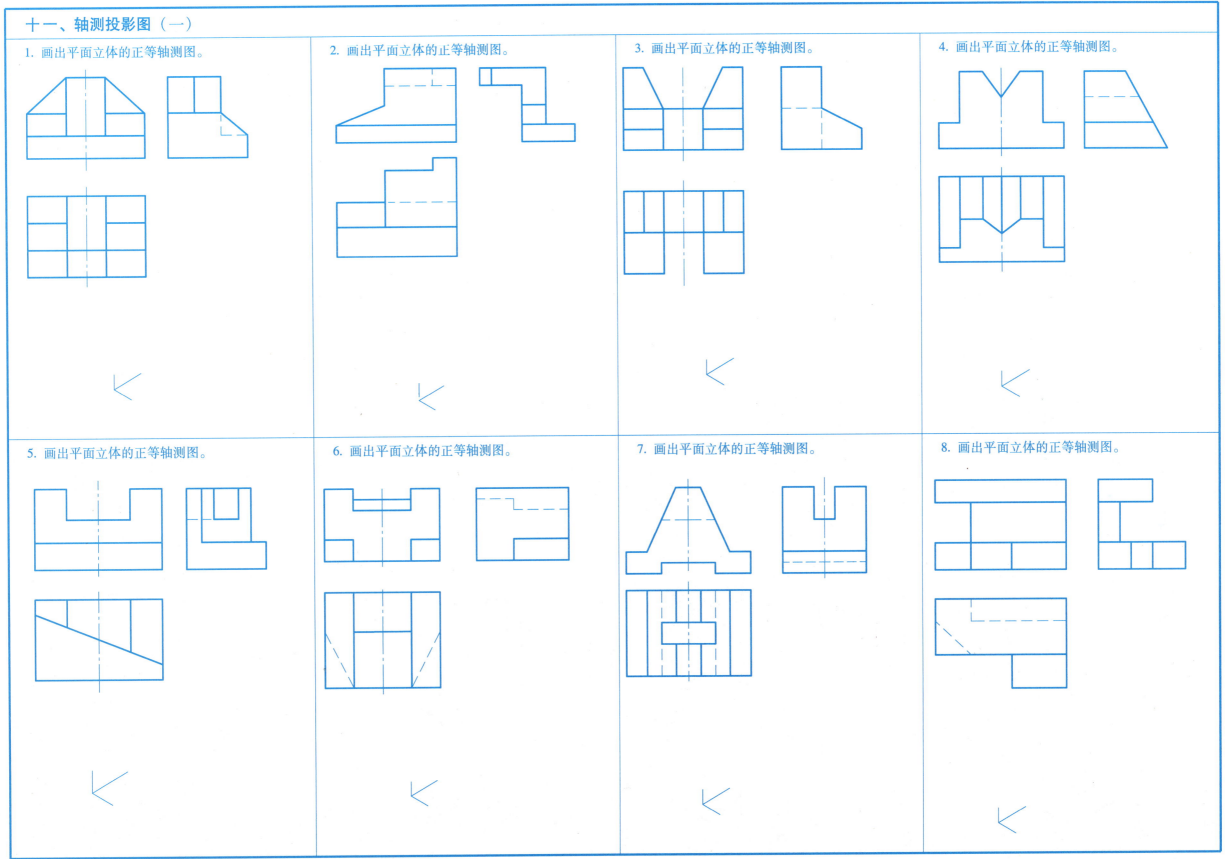

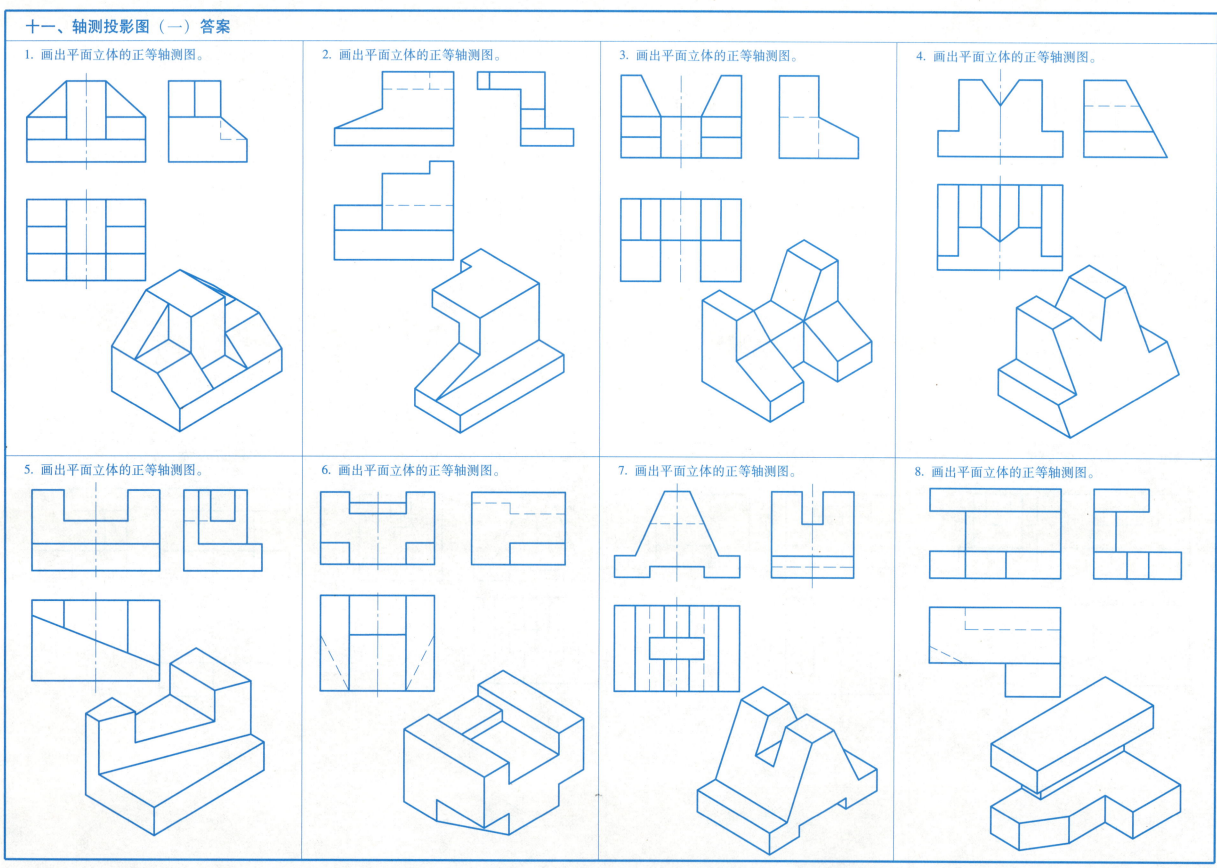

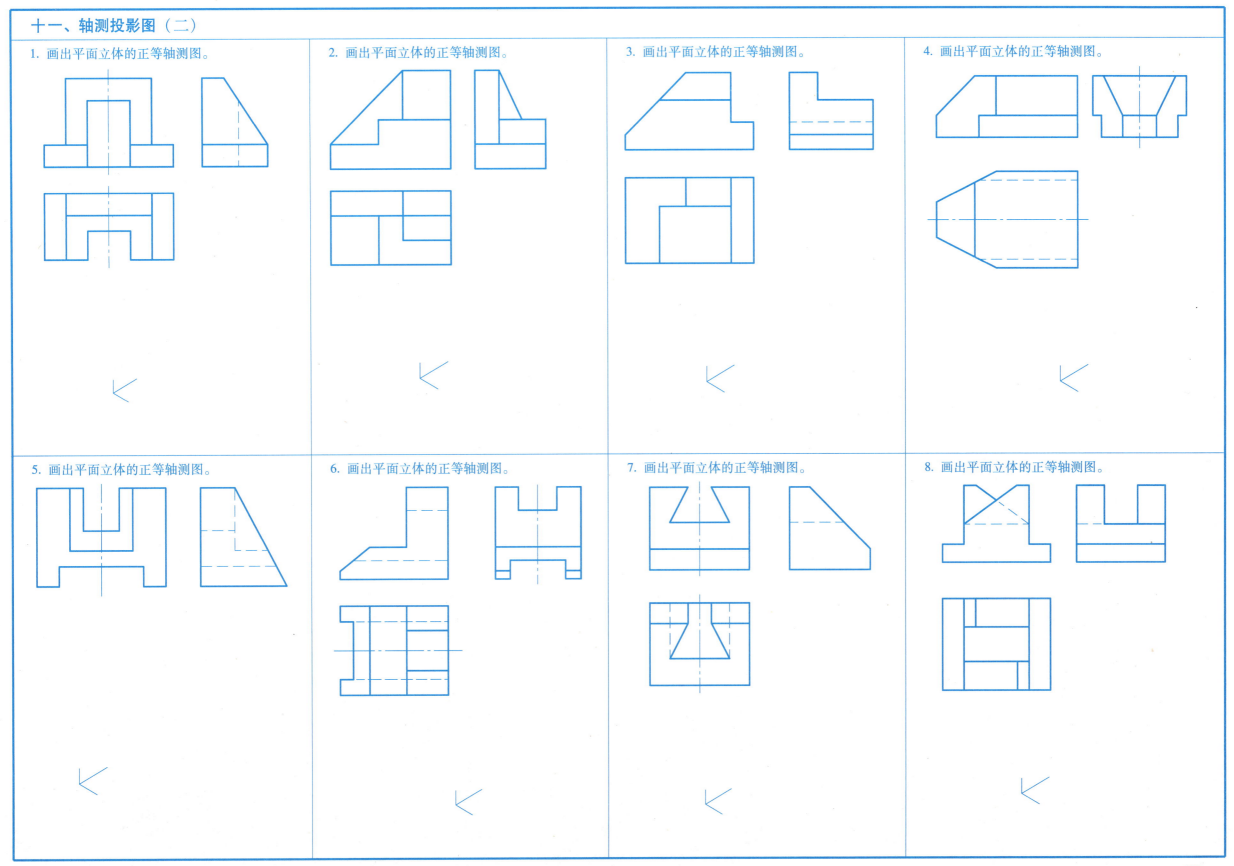

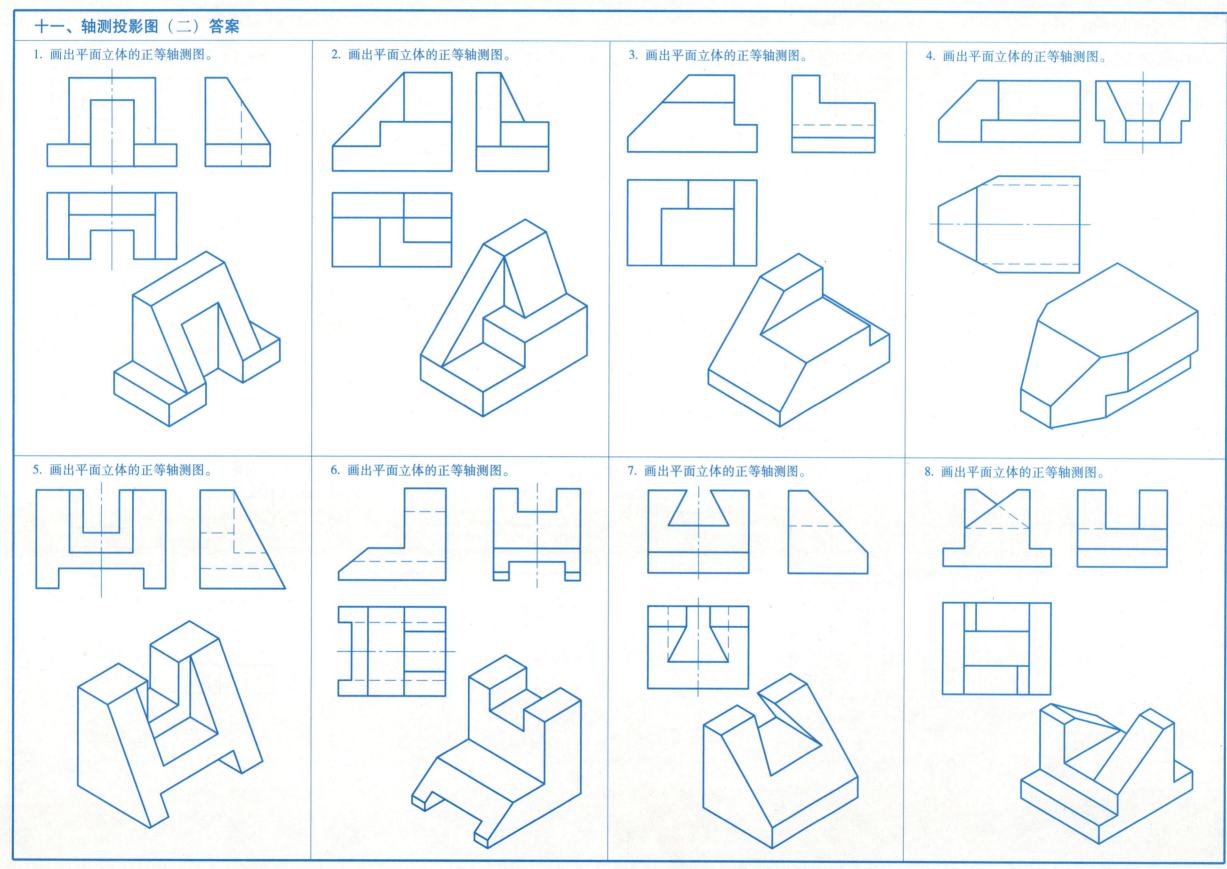

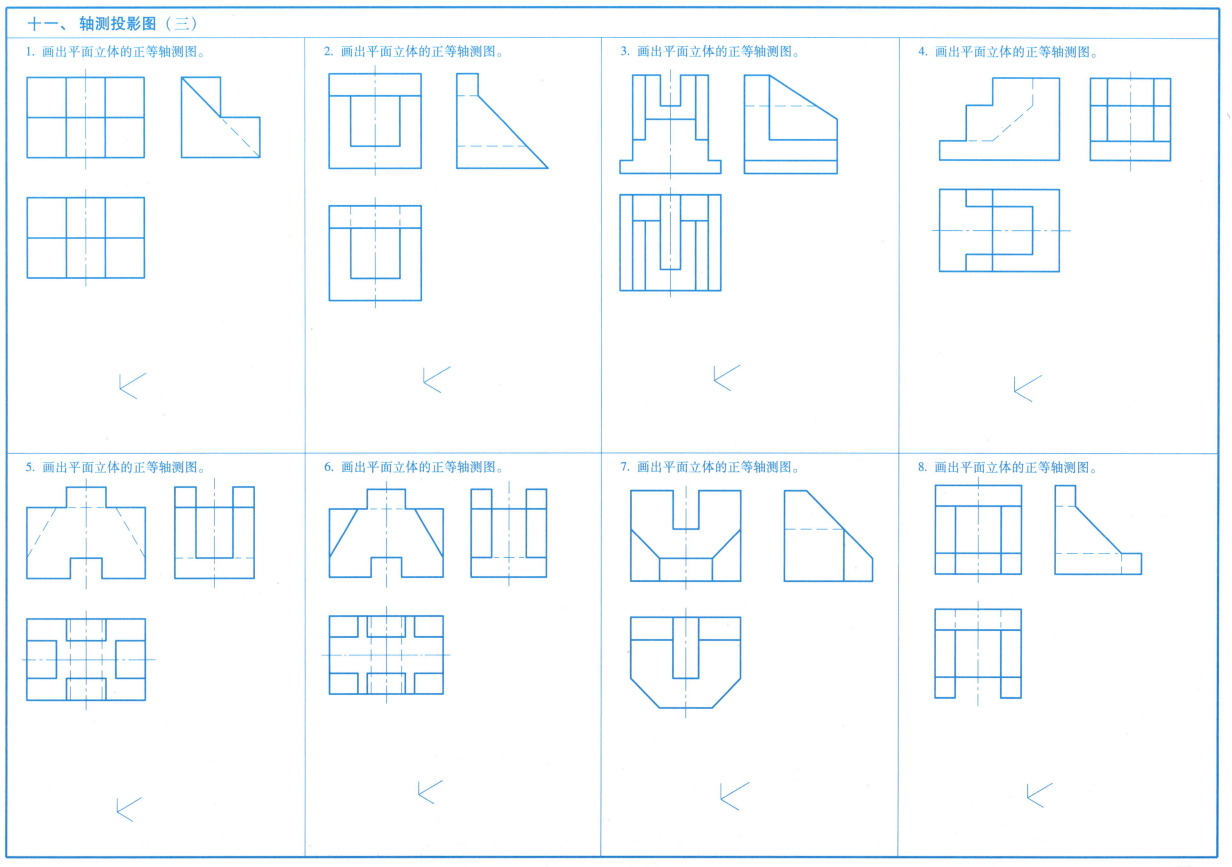

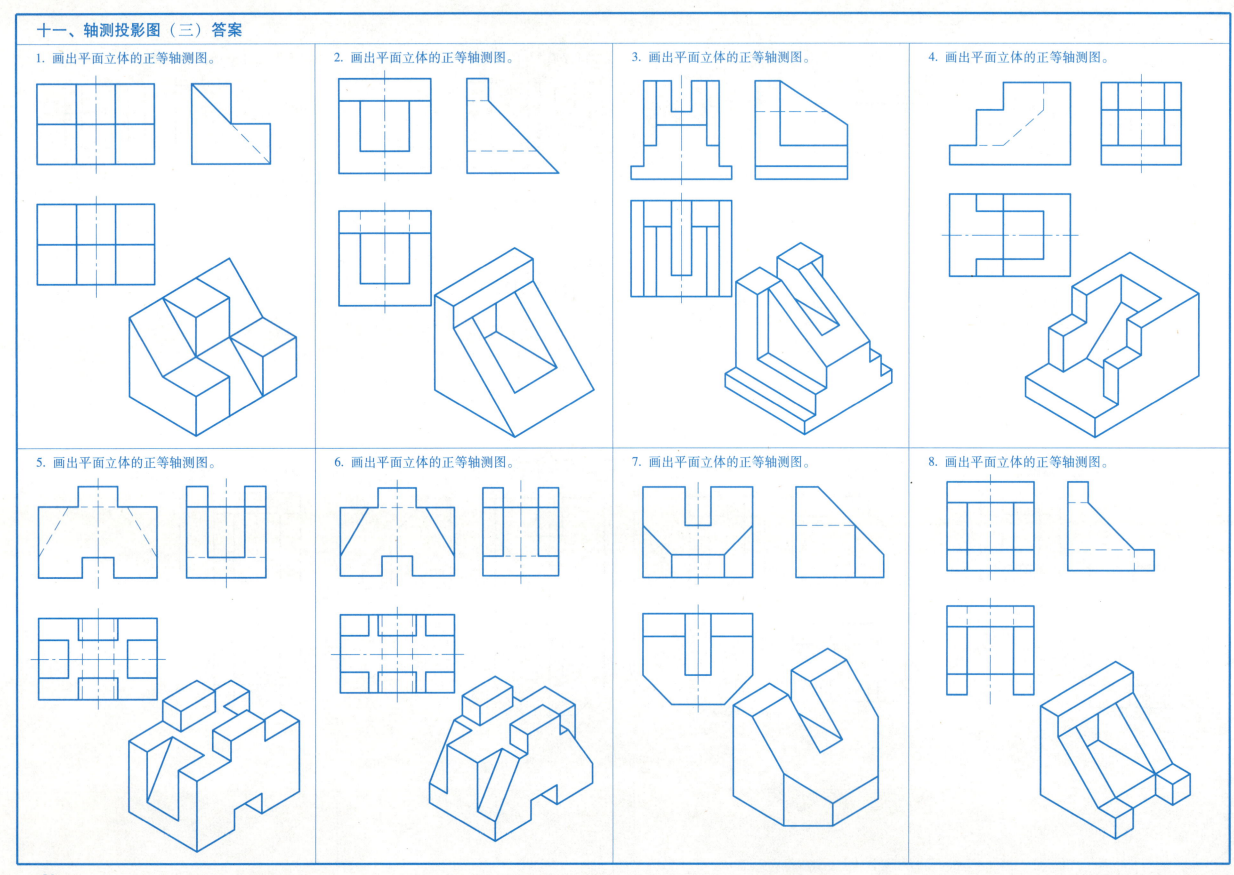

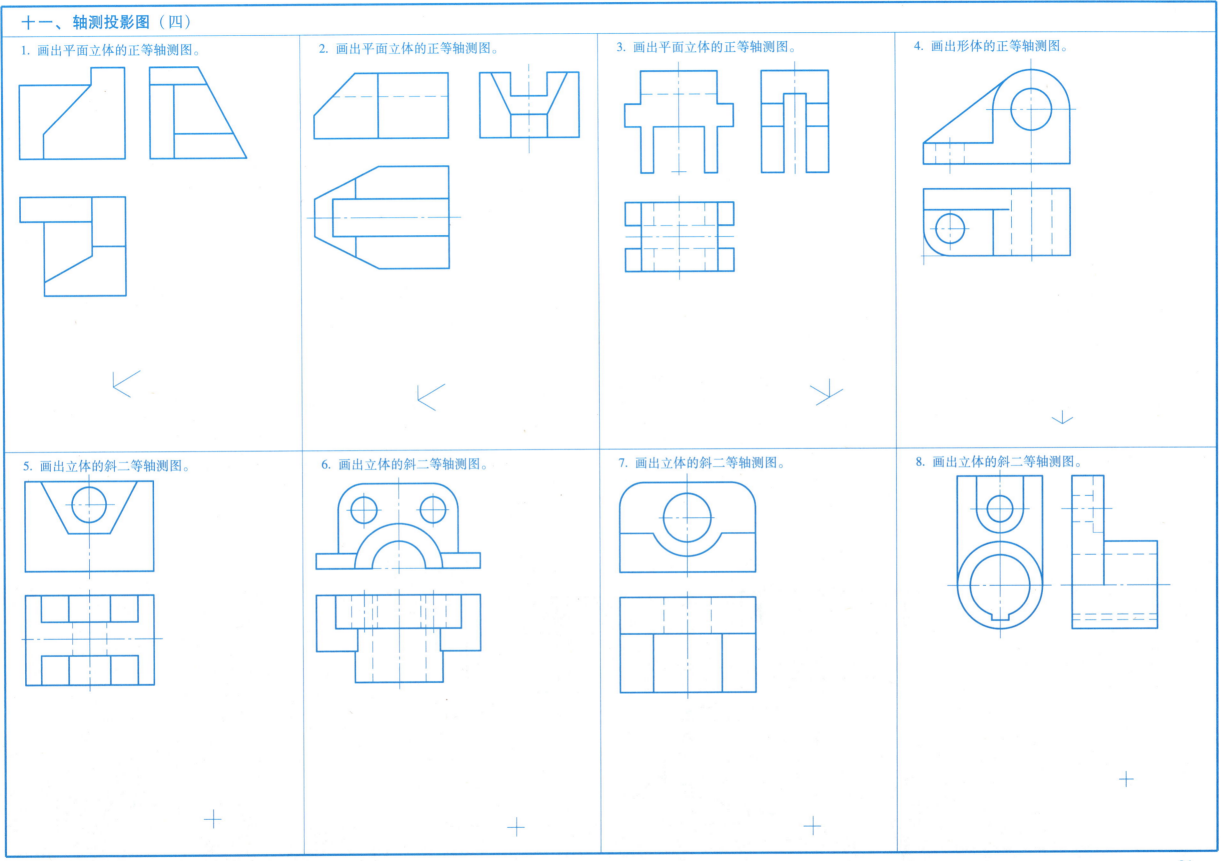

十一、轴测投影图（四）答案

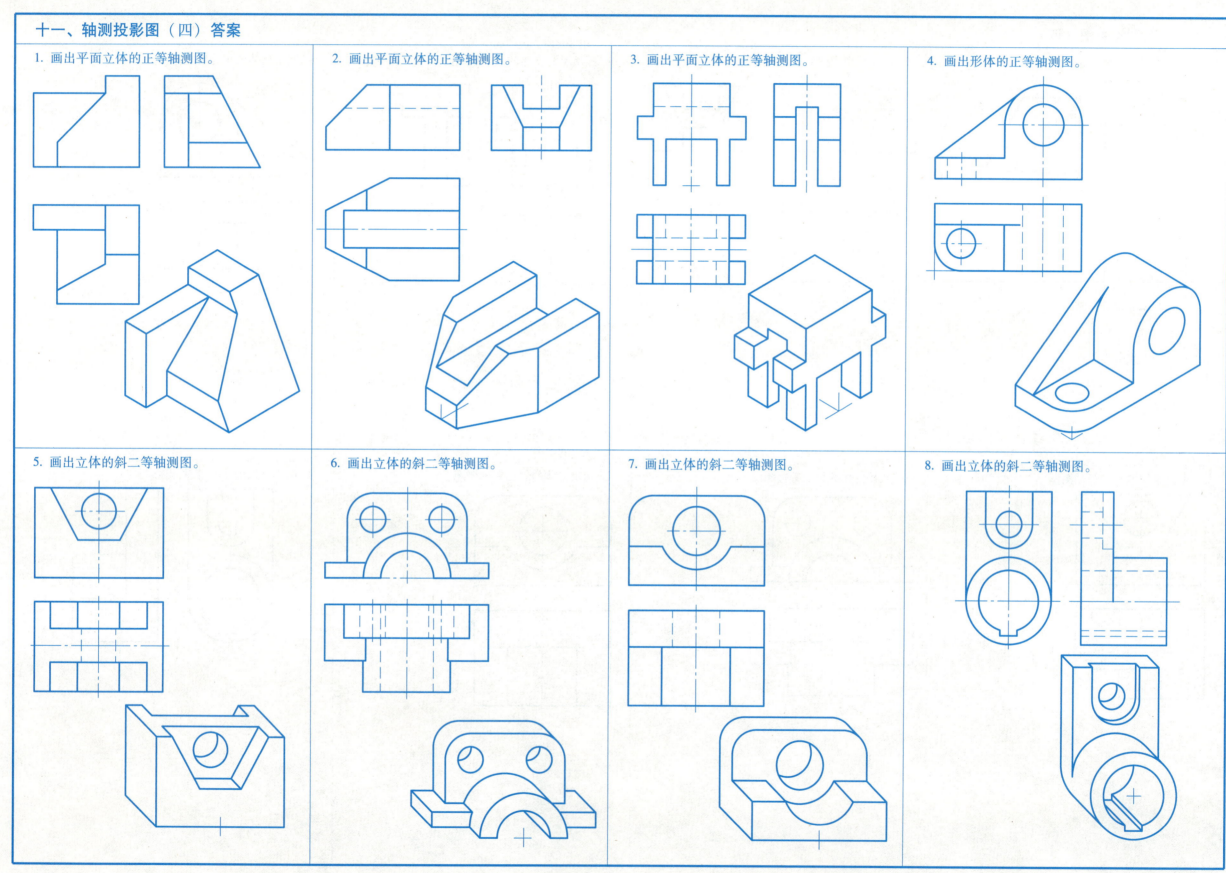

十二、剖视图（一）

1. 在指定位置将主视图改为全剖视图。

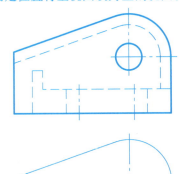
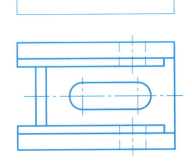

2. 在指定位置将主视图改为全剖视图。

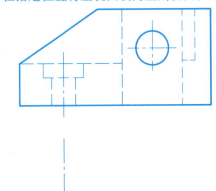
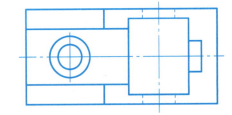

3. 在指定位置将主视图改为全剖视图。

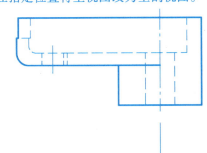
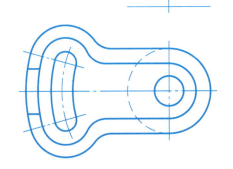

4. 在指定位置将主视图改为全剖视图。

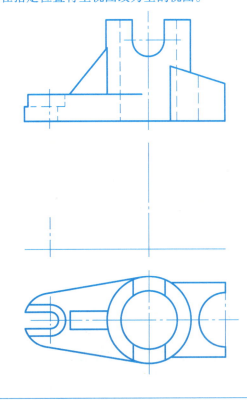

5. 在指定位置将主视图改为半剖视图。

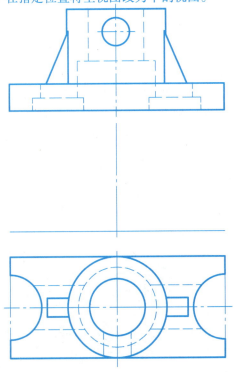

6. 在指定位置将主视图改为半剖视图。

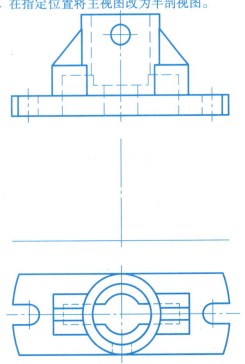

7. 在指定位置将主视图改为半剖视图。

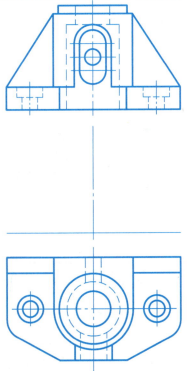

8. 在指定位置将主视图改为半剖视图。

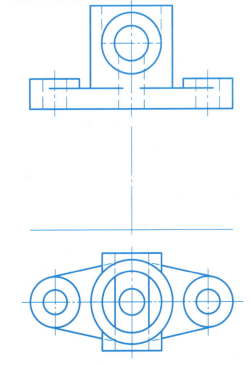

十二、剖视图（一）答案（立体图见 P99 附录 A）

1. 在指定位置将主视图改为全剖视图。

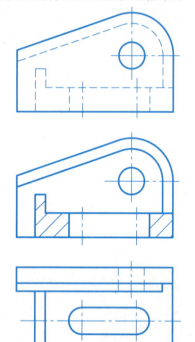

2. 在指定位置将主视图改为全剖视图。

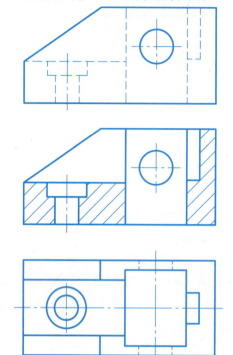

3. 在指定位置将主视图改为全剖视图。

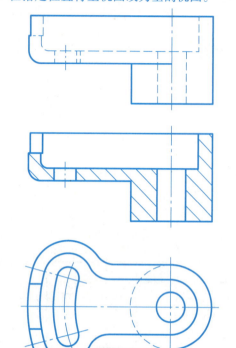

4. 在指定位置将主视图改为全剖视图。

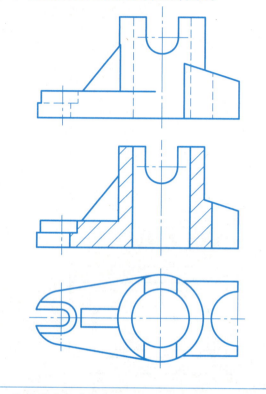

5. 在指定位置将主视图改为半剖视图。

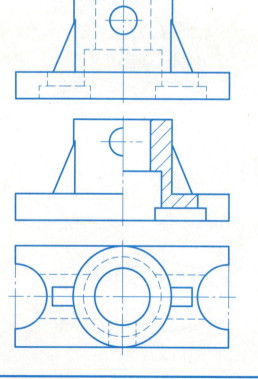

6. 在指定位置将主视图改为半剖视图。

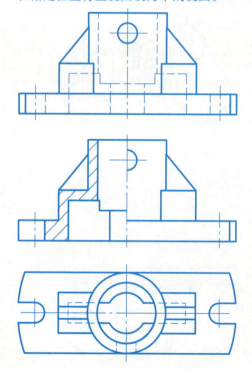

7. 在指定位置将主视图改为半剖视图。

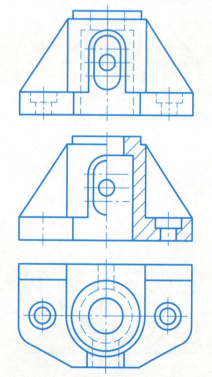

8. 在指定位置将主视图改为半剖视图。

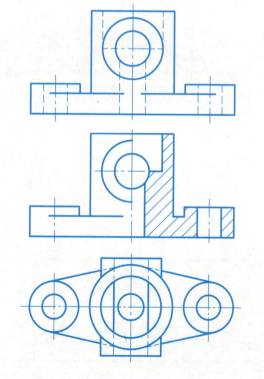

十二、剖视图（二）

1. 在适当位置将主视图画成全剖视图。

2. 在适当位置将主视图画成全剖视图。

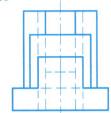

3. 在适当位置将主视图画成全剖视图。

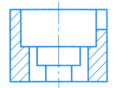

4. 在适当位置将主视图画成全剖视图。

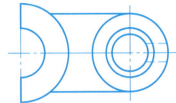
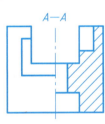

5. 在适当位置将主视图画成全剖视图。

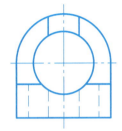

*6. 在适当位置将主视图画成 A—A 全剖视图。

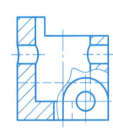

*7. 在适当位置将主视图画成全剖视图。

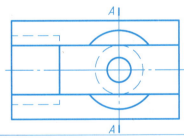
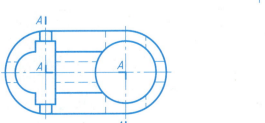

*8. 在适当位置将主视图画成半剖视图。

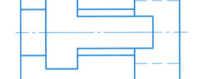

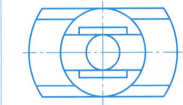

9. 在适当位置将俯视图画成 A—A 全剖视图。

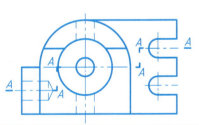

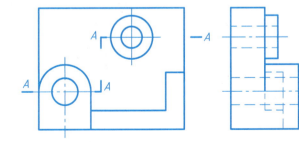
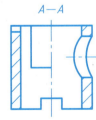

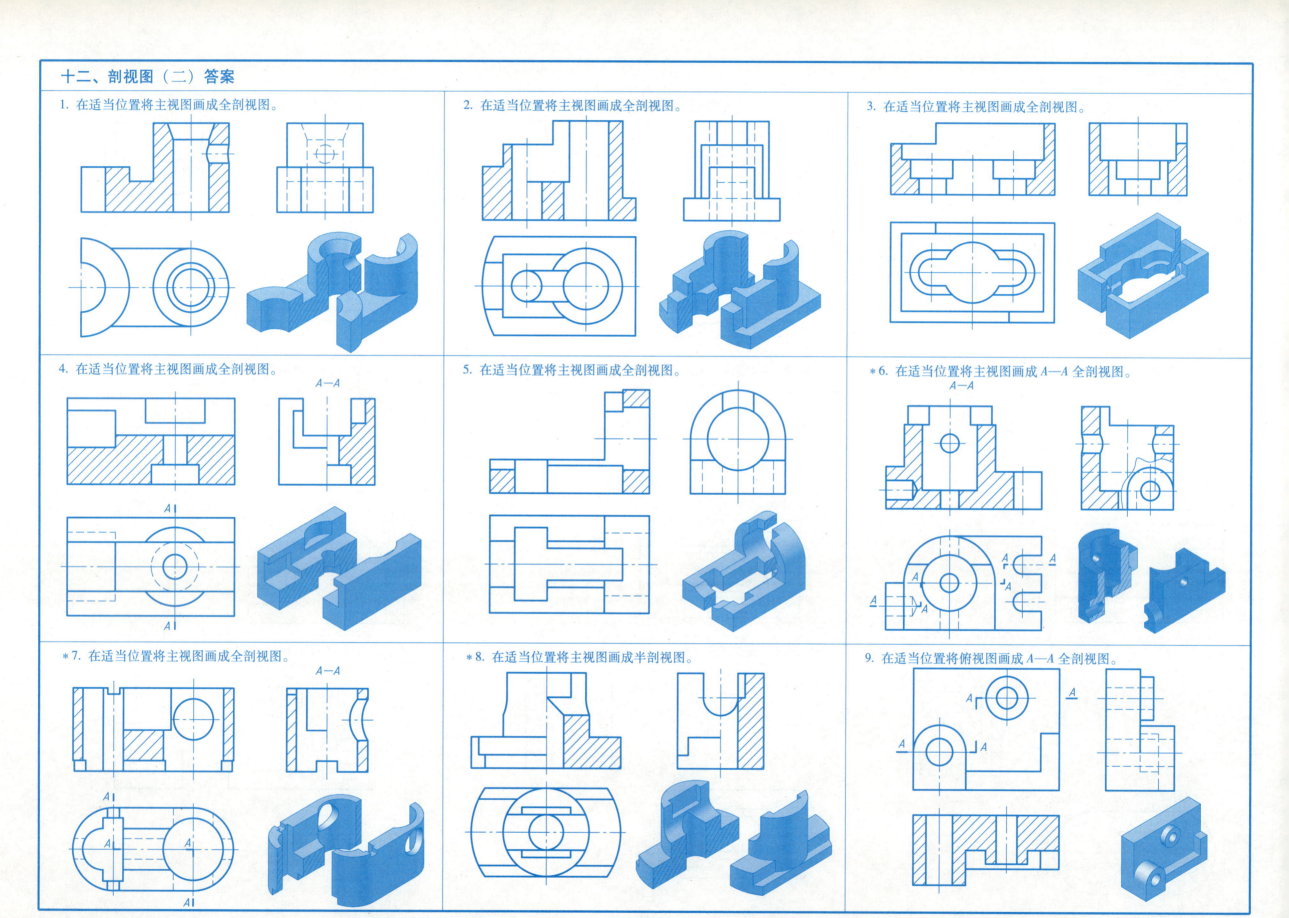

十二、剖视图（三）

1. 在指定位置将主视图改画成 A—A 全剖视图。
2. 在指定位置将主视图改画成 A—A 全剖视图。
3. 在指定位置将主视图改画成 A—A 全剖视图。
4. 在指定位置将主视图改画成 A—A 全剖视图。

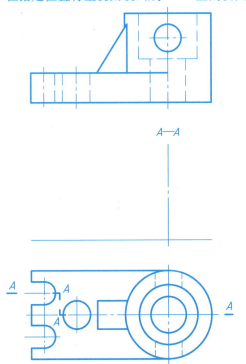
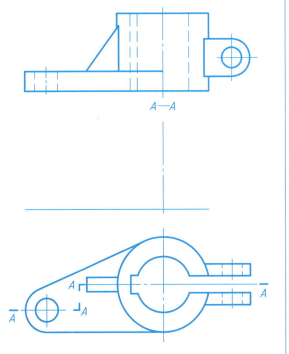
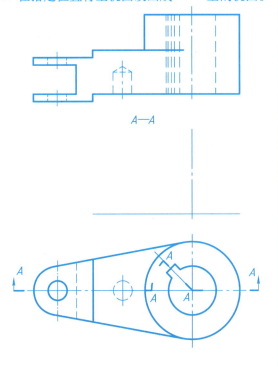
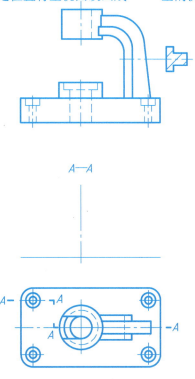

*5. 在指定位置将主视图改画成 A—A 全剖视图。
6. 在指定位置将主视图改画成 A—A 全剖视图。
7. 在指定位置将主视图改画成 A—A 全剖视图。
8. 在指定位置将主视图改画成 A—A 全剖视图。

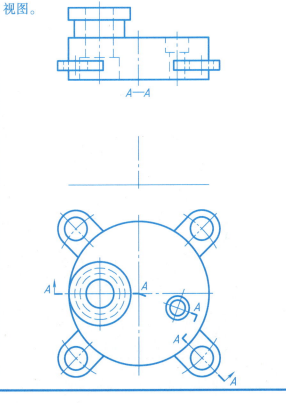
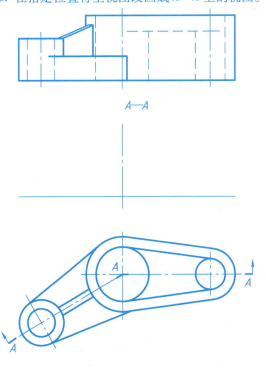
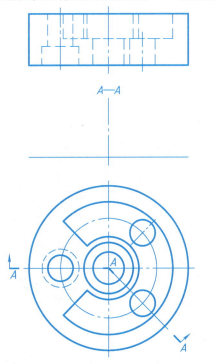
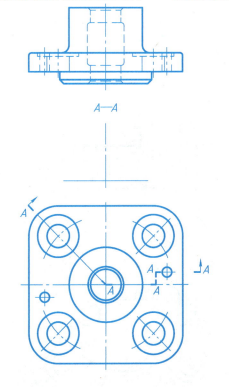

十二、剖视图（三）答案（立体图见 P99 附录 A）

1. 在指定位置将主视图改画成 A—A 全剖视图。
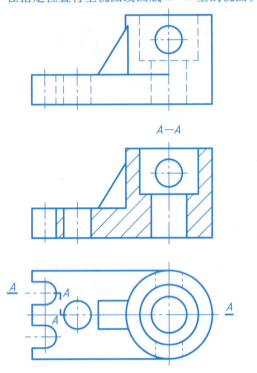

2. 在指定位置将主视图改画成 A—A 全剖视图。
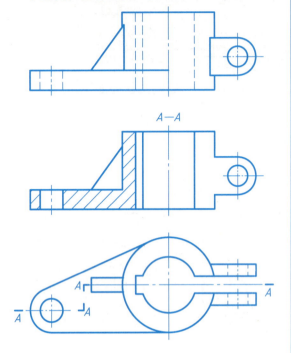

3. 在指定位置将主视图改画成 A—A 全剖视图。
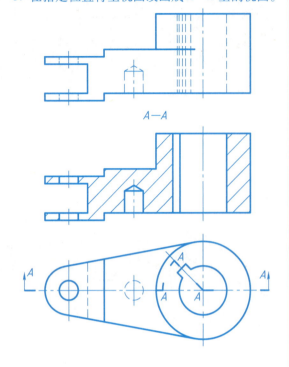

4. 在指定位置将主视图改画成 A—A 全剖视图。
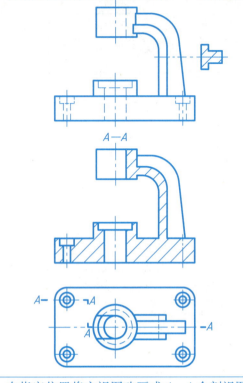

*5. 在指定位置将主视图改画成 A—A 全剖视图。
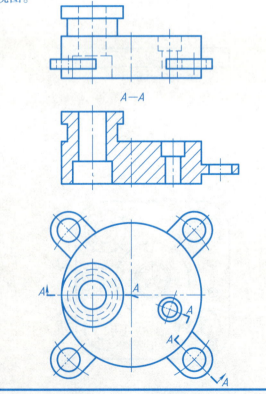

6. 在指定位置将主视图改画成 A—A 全剖视图。
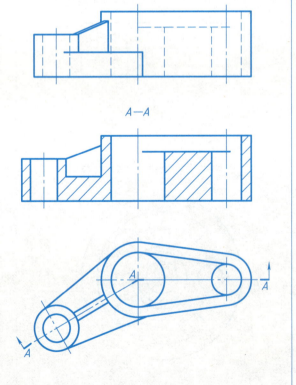

7. 在指定位置将主视图改画成 A—A 全剖视图。
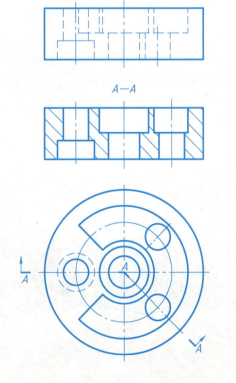

8. 在指定位置将主视图改画成 A—A 全剖视图。
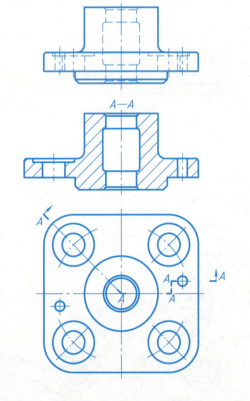

十二、剖视图（四）

1. 在适当位置将左视图画成全剖视图。

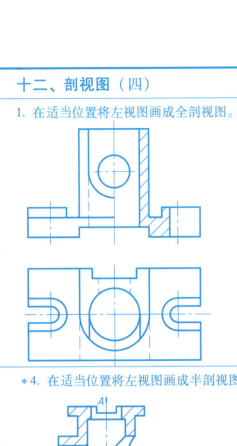

2. 在适当位置将左视图画成半剖视图。

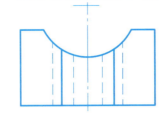

3. 在适当位置将左视图画成全剖视图。

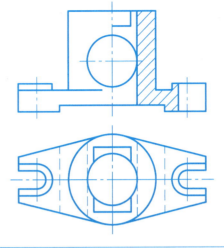

*4. 在适当位置将左视图画成半剖视图。

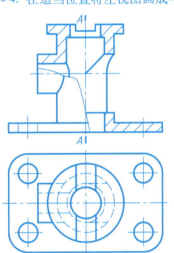

5. 在适当位置将左视图画成全剖视图。

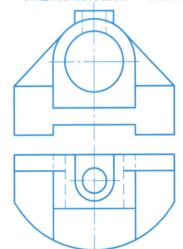

6. 在适当位置将左视图画成全剖视图。

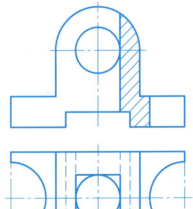

7. 在适当位置将左视图画成全剖视图。

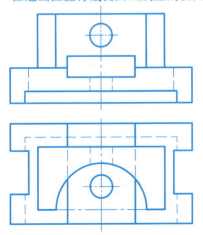

*8. 在适当位置将左视图画成全剖视图。

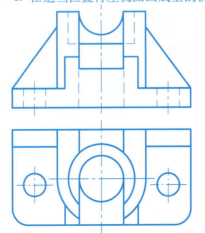

*9. 在适当位置将左视图画成全剖视图。

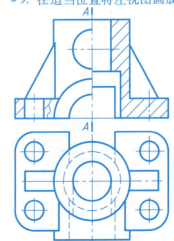

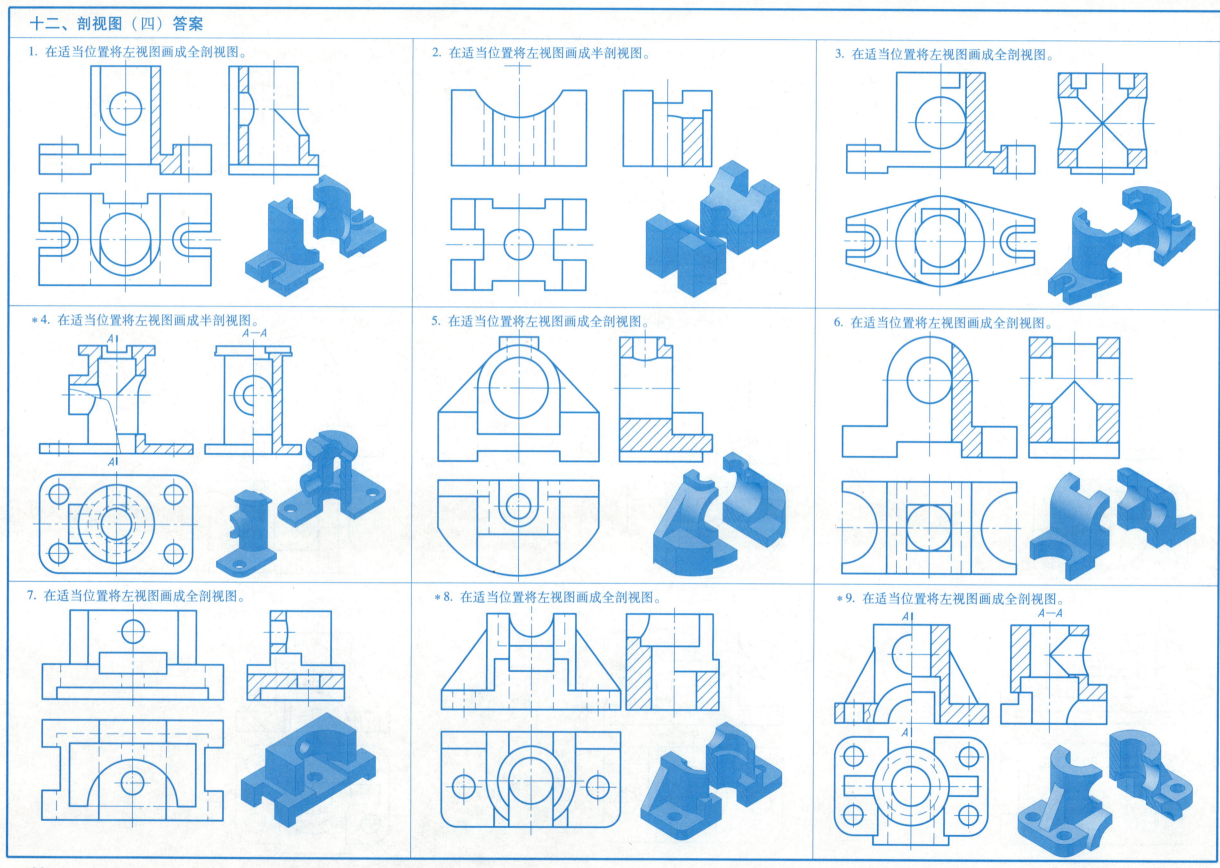

十二、剖视图（五）

1. 在指定位置将主视图改画成全剖视图，并画出半剖的左视图。

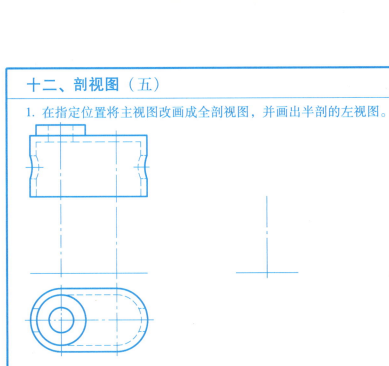

2. 在指定位置将主视图改画成半剖视图，并画出半剖的左视图。

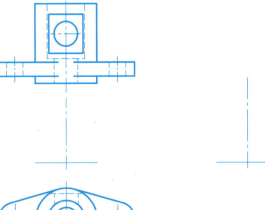

3. 在指定位置将主视图改画成半剖视图，并画出全剖的左视图。

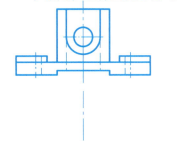

4. 在指定位置将主视图改画成半剖视图，并画出全剖的左视图。

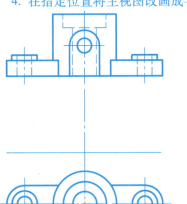

5. 在指定位置将主视图改画成半剖视图，并画出全剖的左视图。

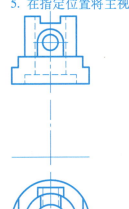
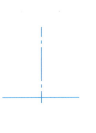

6. 在指定位置将主视图改画成半剖视图，并画出全剖的左视图。

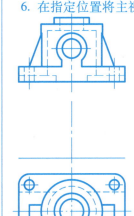
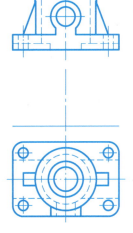

*7. 在指定位置将主视图改画成半剖视图，并画出全剖的左视图。

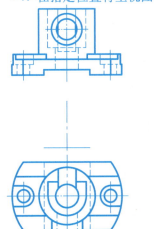

*8. 将主视图改画成全剖视图，俯视图改画成 B—B 半剖视图。

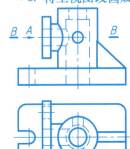

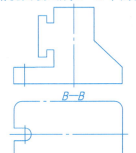

9. 在指定位置将左视图改画成 B—B 全剖视图。

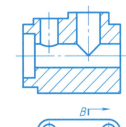
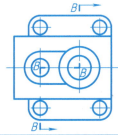

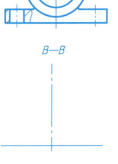

十二、剖视图（五）答案（立体图见 P100 附录 A）

1. 在指定位置将主视图改画成全剖视图，并画出半剖的左视图。

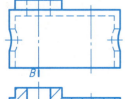
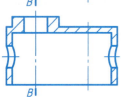
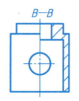
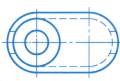

2. 在指定位置将主视图改画成半剖视图，并画出半剖的左视图。

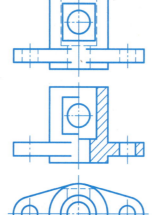

3. 在指定位置将主视图改画成半剖视图，并画出全剖的左视图。

4. 在指定位置将主视图改画成半剖视图，并画出全剖的左视图。

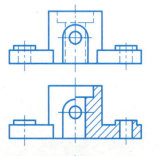

5. 在指定位置将主视图改画成半剖视图，并画出全剖的左视图。

6. 在指定位置将主视图改画成半剖视图，并画出全剖的左视图。

*7. 在指定位置将主视图改画成半剖视图，并画出全剖的左视图。

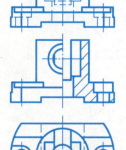

*8. 将主视图改画成全剖视图，俯视图改画成 B—B 半剖视图。

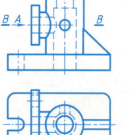
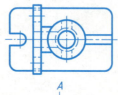
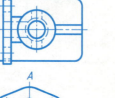
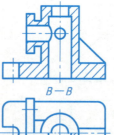
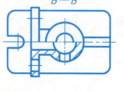

9. 在指定位置将左视图改画成 B—B 全剖视图。

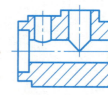

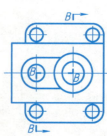

十二、剖视图（六）

1. 在指定位置将主视图改画成 A—A 半剖视图，俯视图画成局部剖视图。

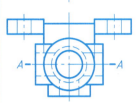

A—A

2. 将主视图和俯视图改画成局部剖视图（画在右边）。

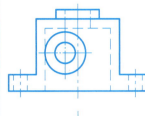
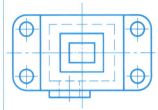

3. 用适当的剖切方法，在指定位置将主视图、左视图、俯视图改画成剖视图。

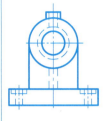

*4. 在指定位置将左视图改画成局部剖视图。

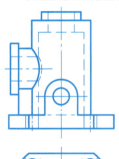
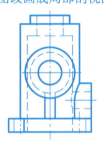

5. 作 A—A 全剖视图及 B 向局部视图。

A—A

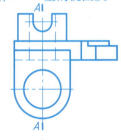

B

*6. 在指定位置将左视图画成 D—D 全剖视图。

A—A D—D

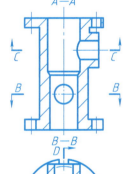

B—B C—C

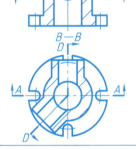 

7. 画出主视图的外形图，不画虚线。

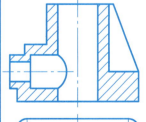
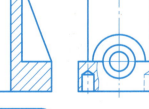
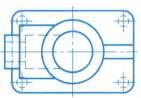

8. 画出主视图的外形图，不画虚线。

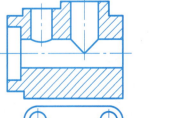
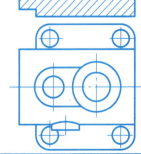

9. 画出主视图的外形图，不画虚线。

A—A

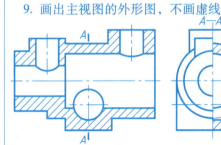 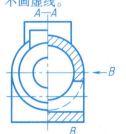

B

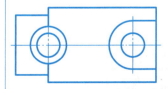

十二、剖视图（六）答案（立体图见 P101 附录 A）

1. 在指定位置将主视图改画成 A—A 半剖视图，俯视图画成局部剖视图。

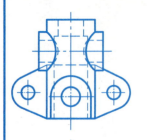

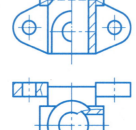

2. 将主视图和俯视图改画成局部剖视图（画在右边）。

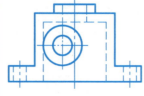

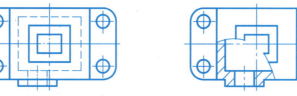

3. 用适当的剖切方法，在指定位置将主视图、左视图、俯视图改画成剖视图。

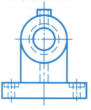

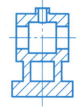

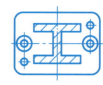

*4. 在指定位置将左视图改画成局部剖视图。

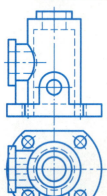

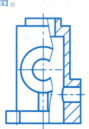

5. 作 A—A 全剖视图及 B 向局部视图。

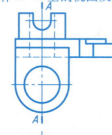
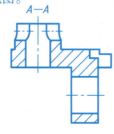

*6. 在指定位置将左视图画成 D—D 全剖视图。

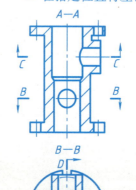
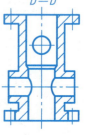
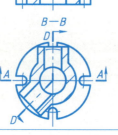

7. 画出主视图的外形图，不画虚线。

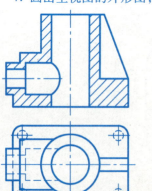
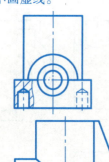

8. 画出主视图的外形图，不画虚线。

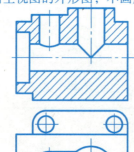
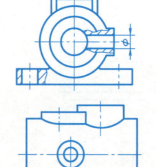

9. 画出主视图的外形图，不画虚线。

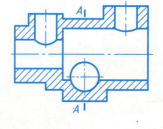
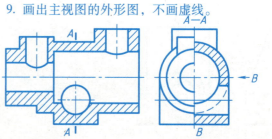
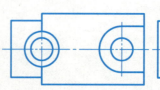
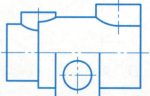

十三、视图和断面图（一）

1. 根据主、俯视图画出左视图、右视图、仰视图和后视图。

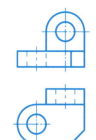

2. 根据主、俯视图画出 A 向斜视图和 B 向局部视图。

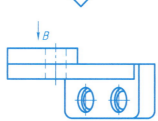

3. 根据主、俯视图画出 A 向斜视图和 B 向局部视图。

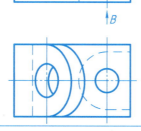

4. 画出 A 向斜视图和 B 向局部视图。

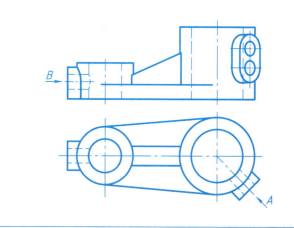

5. 画出 A 向斜视图和 B—B 断面图。

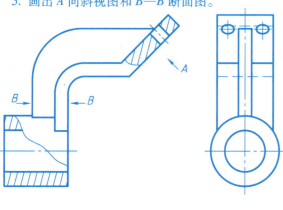

6. 画出 A 向斜视图和 B 向局部视图。

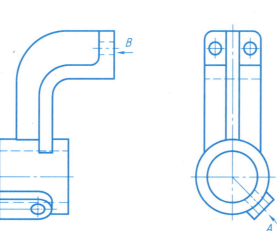

7. 画出 A 向斜视图和 B—B 断面图。

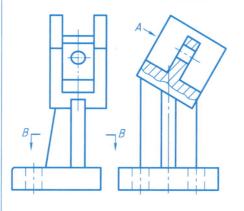

8. 画出 A 向斜视图和 B—B 断面图。

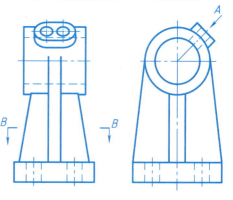

9. 画出 A 向局部视图和 B—B 断面图。

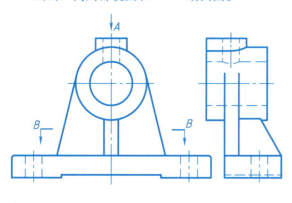

10. 画出 A—A 断面图。

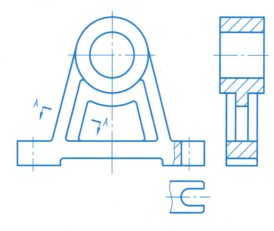

11. 在指定位置作移出断面图。

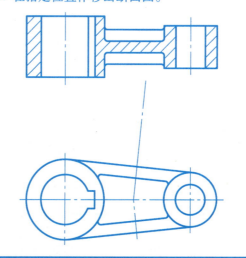

12. 画出指定位置的重合断面图。

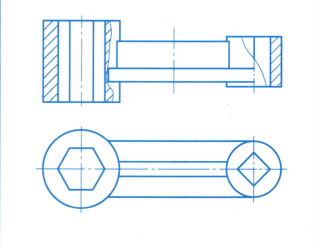

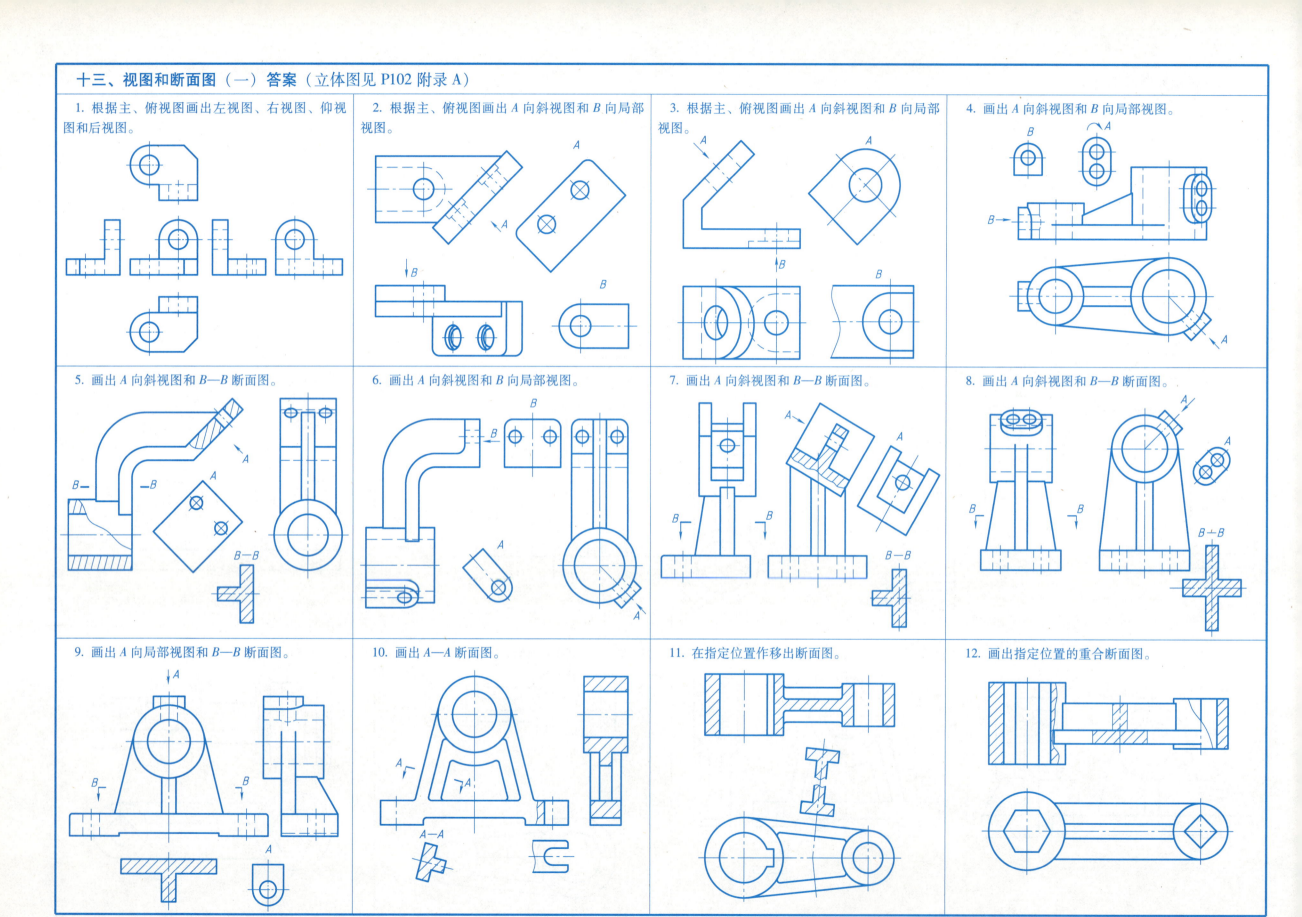

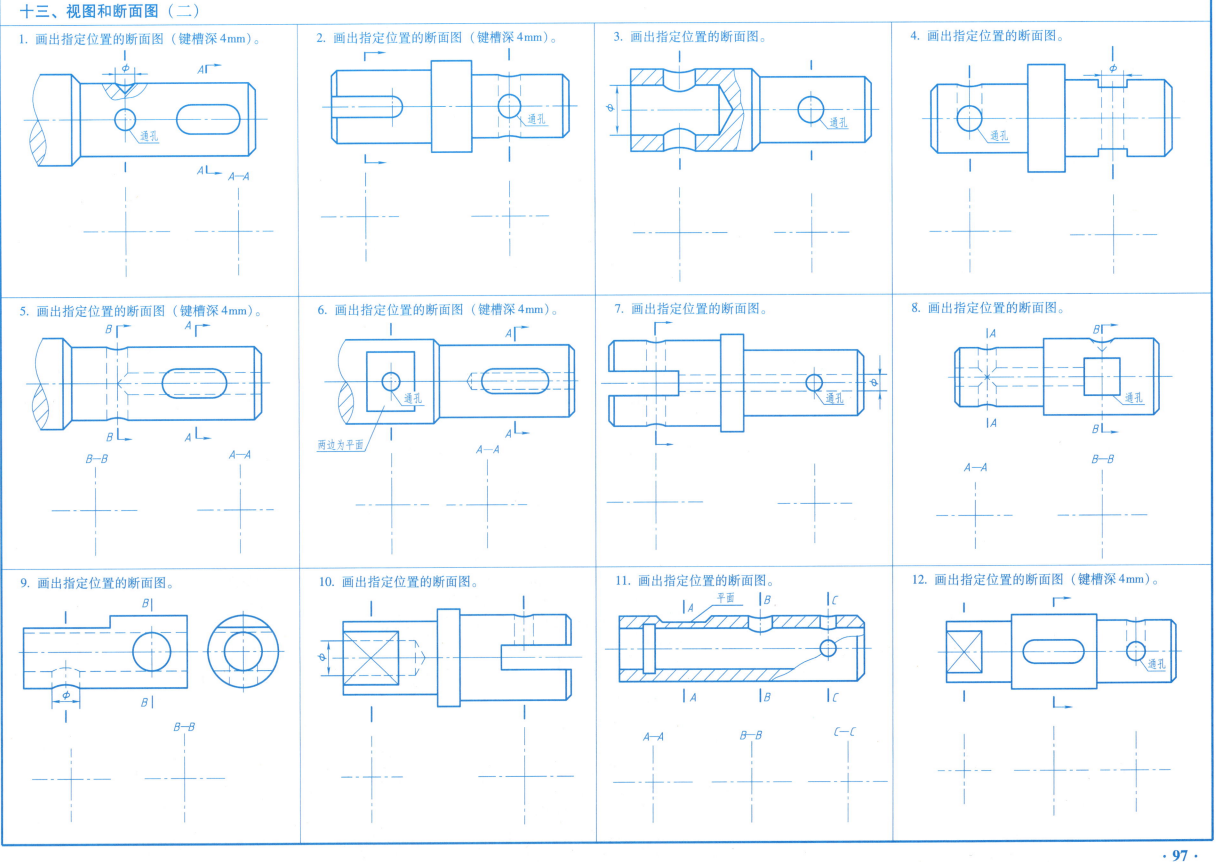

十三、视图和断面图（二）答案

1. 画出指定位置的断面图（键槽深4mm）。
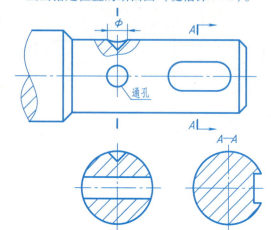

2. 画出指定位置的断面图（键槽深4mm）。
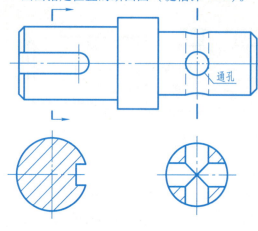

3. 画出指定位置的断面图。
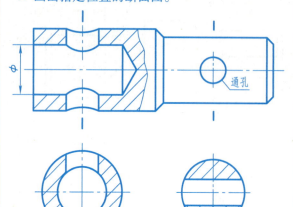

4. 画出指定位置的断面图。
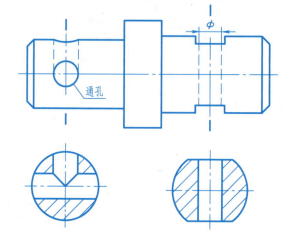

5. 画出指定位置的断面图（键槽深4mm）。
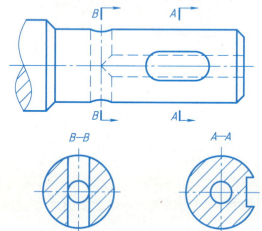

6. 画出指定位置的断面图（键槽深4mm）。
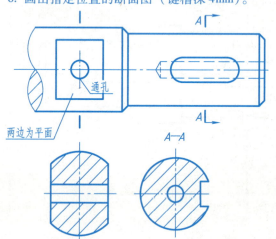

7. 画出指定位置的断面图。
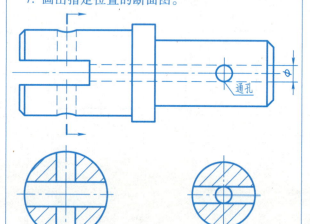

8. 画出指定位置的断面图。
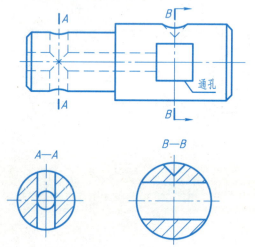

9. 画出指定位置的断面图。
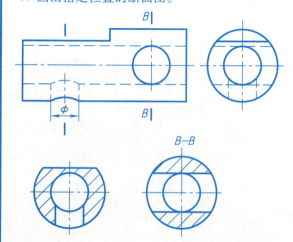

10. 画出指定位置的断面图。
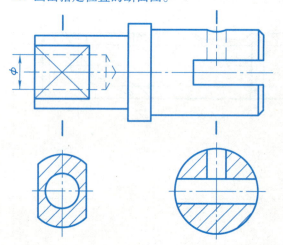

11. 画出指定位置的断面图。
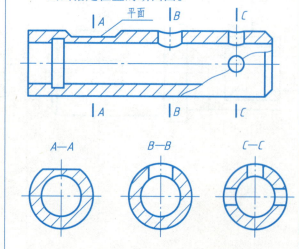

12. 画出指定位置的断面图（键槽深4mm）。
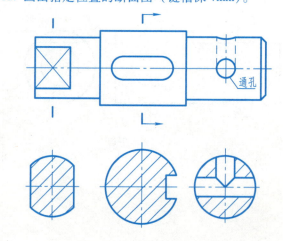

附录 A 部分章节三维实体图（一）

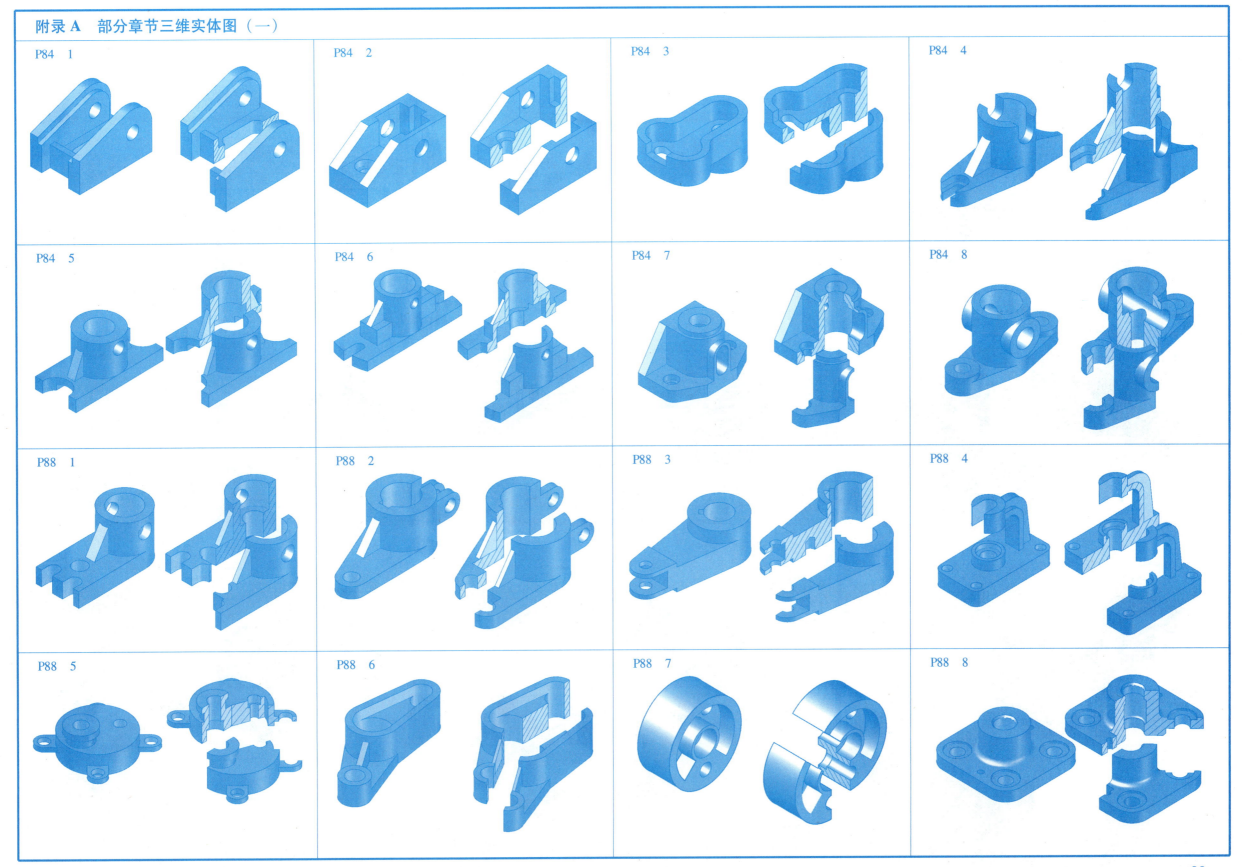

附录 A 部分章节三维实体图（二）

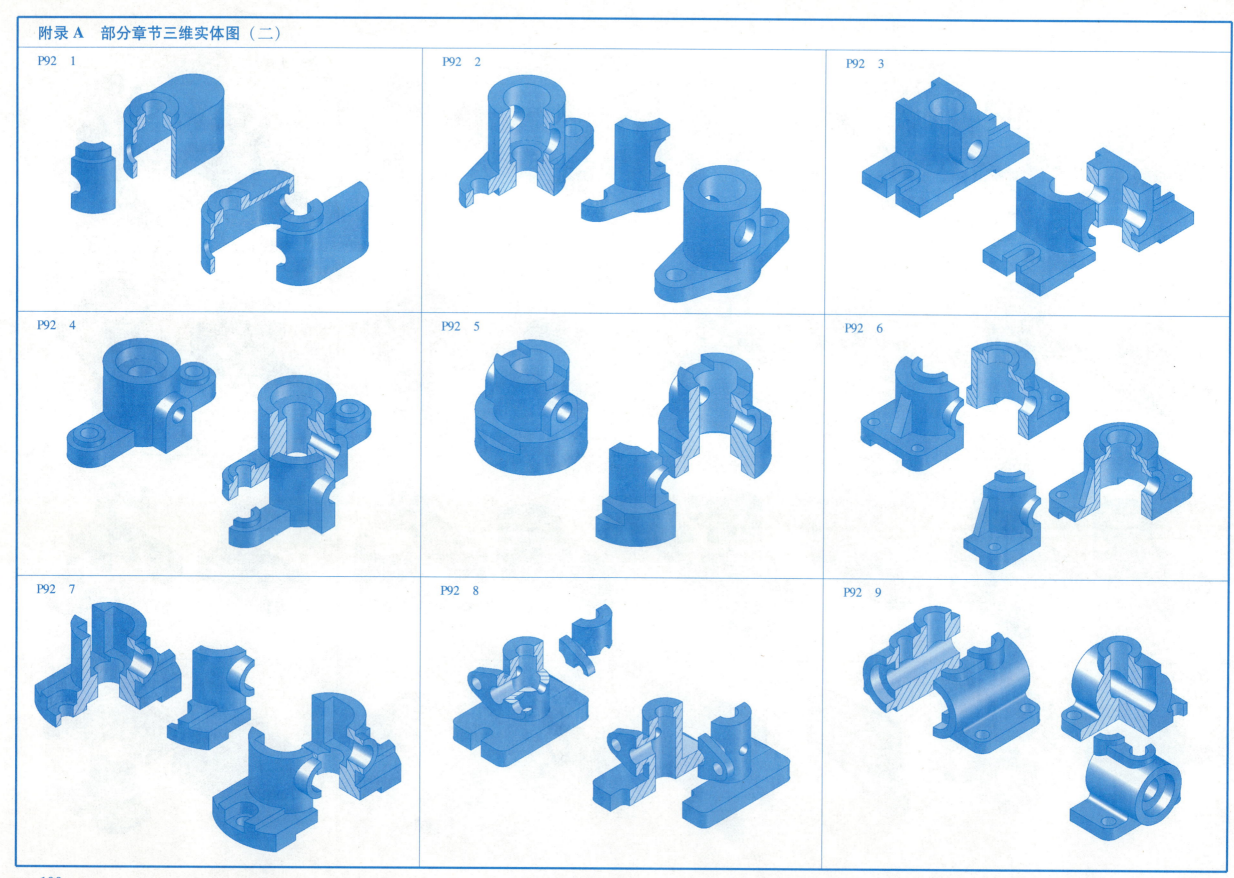

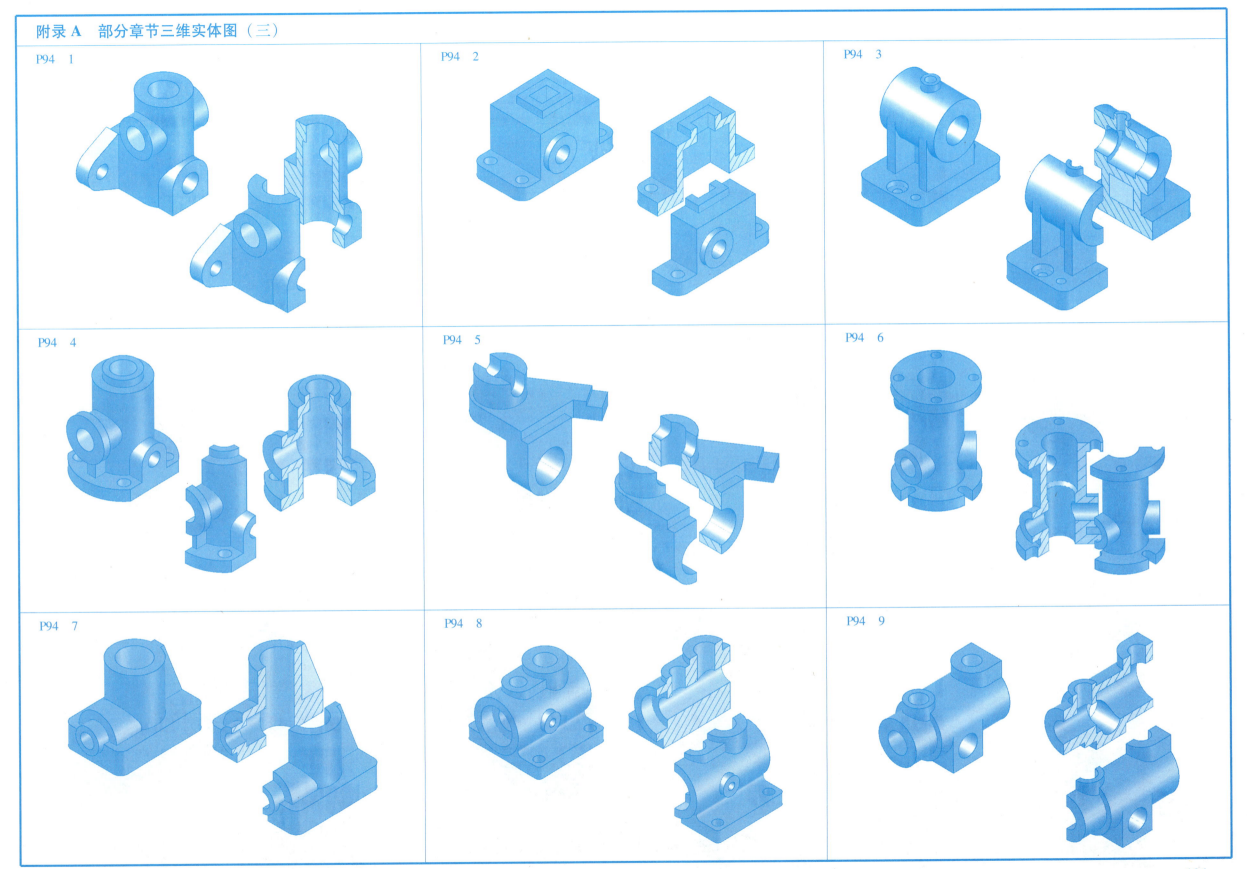

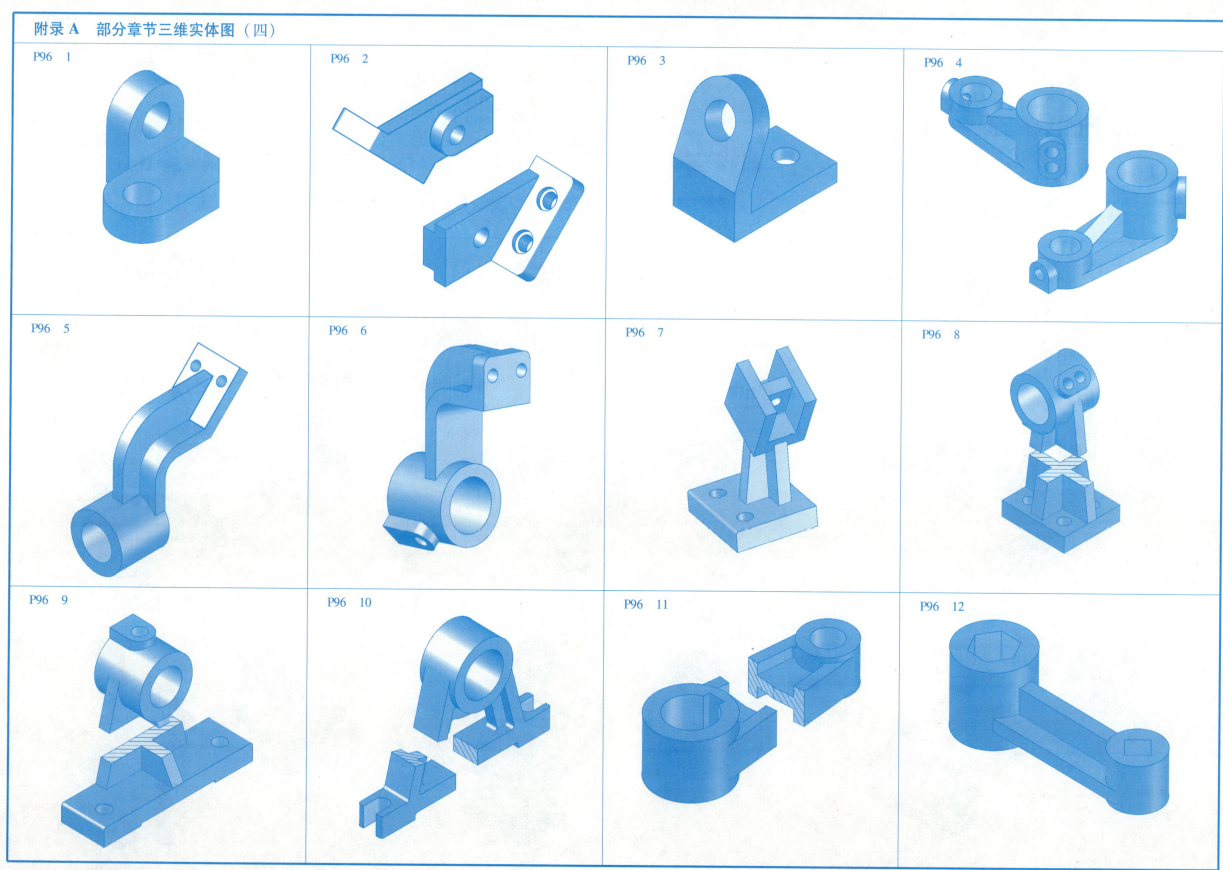

自测试题（一）

题号	一	二	三	四	五	六	七	八	九	十	十一	总得分
得分												

一、判断两直线的相对位置（平行、相交、交叉、垂直相交）。（8分）

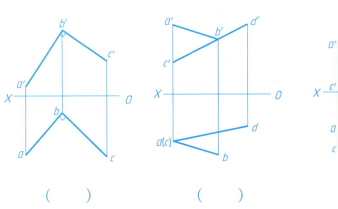

(　　)　　(　　)　　(　　)　　(　　)

二、已知平面 ABCD 的边 CD∥V 面，试完成其侧面投影。（8分）

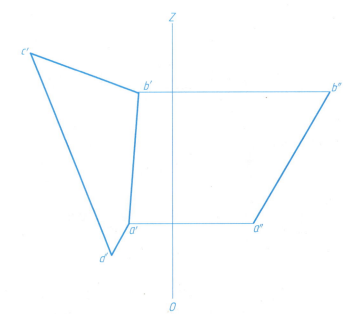

三、求平面 ABCD 和平面 EFG 的交线 MN，并判别可见性。（8分）

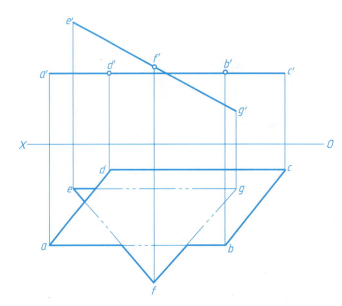

四、完成棱锥被截切后的水平投影和侧面投影。（10分）

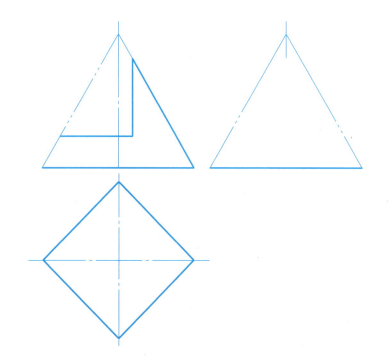

五、分析形体表面的交线，完成主视图。（10分）

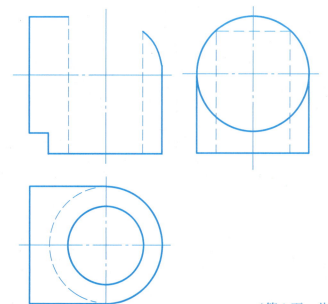

(第1页，共2页)

自测试题（一）答案

一、判断两直线的相对位置（平行、相交、交叉、垂直相交）。（8分）

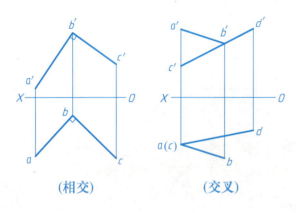
（相交）

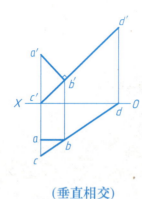
（交叉）

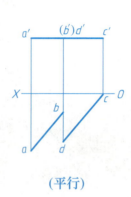
（垂直相交）

（平行）

四、完成棱锥被截切后的水平投影和侧面投影。（10分）

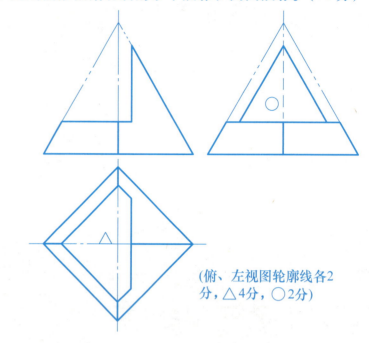

（俯、左视图轮廓线各2分，△4分，○2分）

二、已知平面ABCD的边CD∥V面，试完成其侧面投影。（8分）

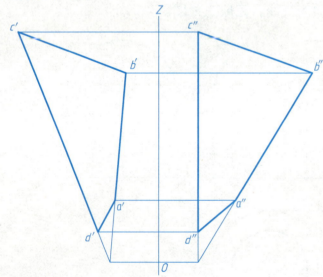

（作图辅助线4分，结果4分）

三、求平面ABCD和平面EFG的交线MN，并判别可见性。（8分）

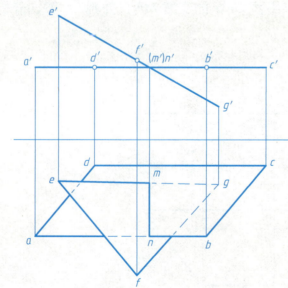

（交线水平投影4分、正面投影2分，可见性判断2分）

五、分析形体表面的交线，完成主视图。（10分）

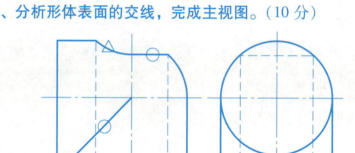

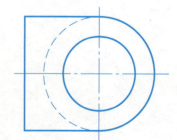

每△4分，每○3分。

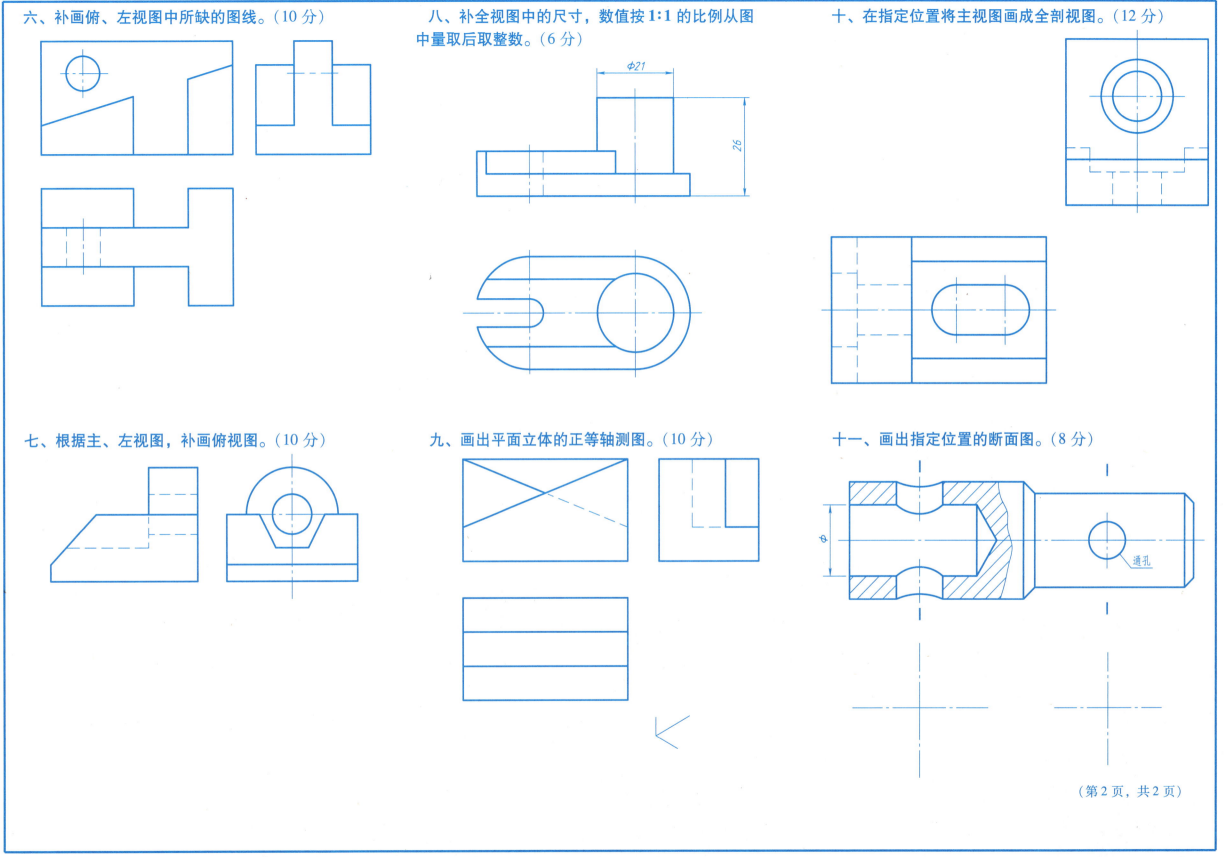

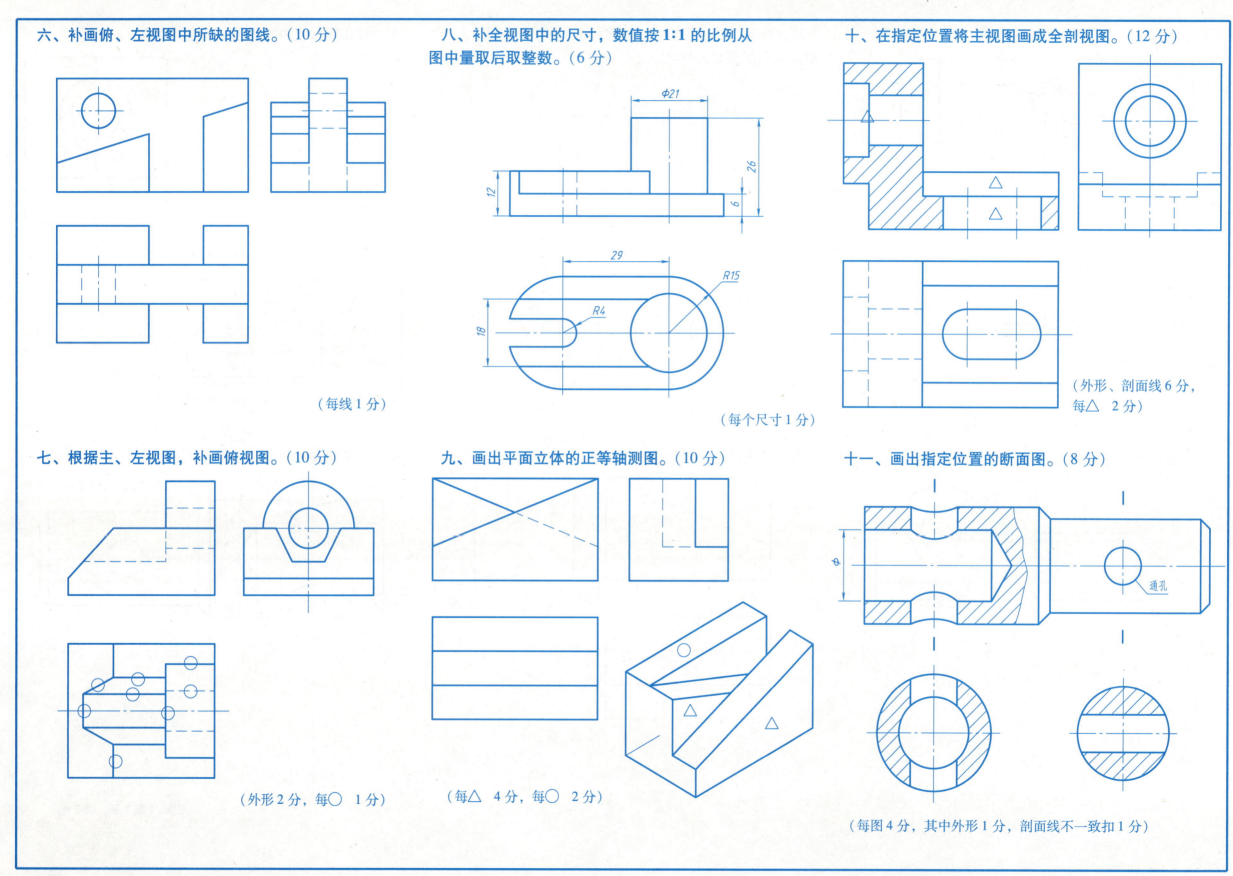

自测试题（二）

题号	一	二	三	四	五	六	七	八	九	十	十一	总得分
得分												

一、填空题（每空 1 分，共 8 分）。
(1) 点的 X 坐标为零时，点在____面上。
(2) 与正垂面垂直的直线为_____。
(3) 点 A 在 H 投影面上，其正面投影 a' 应在_____。
(4) 正平线的水平投影与_____平行。
(5) 在三视图中，"长对正"是指____视图和____视图的位置关系。
(6) 用过圆锥顶点的平面截圆锥面，其截交线为_____。
(7) 画半剖视图时，视图部分与剖视部分的分界线为_____。
(8) 重合断面的轮廓线应用_____线画出。

二、已知 $ABCD$ 为一正方形，求作其水平投影和侧面投影（只求一解）。（8 分）

三、已知两平行直线 AB 和 CD 所确定的平面平行于 $\triangle EFG$，试完成该平面的水平投影。（8 分）

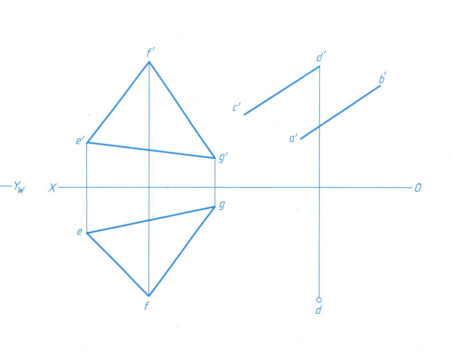

四、完成圆柱体被截切后的侧面投影。（10 分）

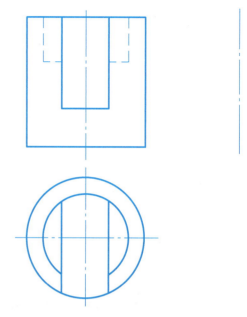

五、分析形体表面的交线，完成左视图。（10 分）

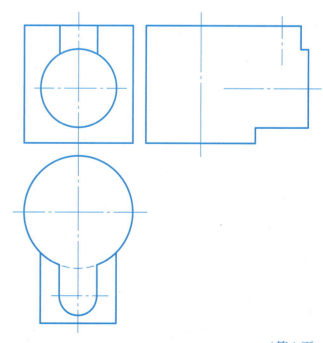

（第 1 页，共 2 页）

自测试题（二）答案

一、填空题（每空 1 分，共 8 分）。

(1) 点的 X 坐标为零时，点在____面上。
(2) 与正垂面垂直的直线为_____。
(3) 点 A 在 H 投影面上，其正面投影 a' 应在_____。
(4) 正平线的水平投影与_____平行。
(5) 在三视图中，"长对正"是指_____视图和_____视图的位置关系。
(6) 用过圆锥顶点的平面截圆锥面，其截交线为_____。
(7) 画半剖视图时，视图部分与剖视部分的分界线为_____。
(8) 重合断面的轮廓线应用_____线画出。

(1) W。(2) 正平线。(3) X 投影轴上。(4) X 投影轴。(5) 主，俯。(6) 三角形。(7) 细点画线。(8) 细实。

四、完成圆柱体被截切后的侧面投影。（10 分）

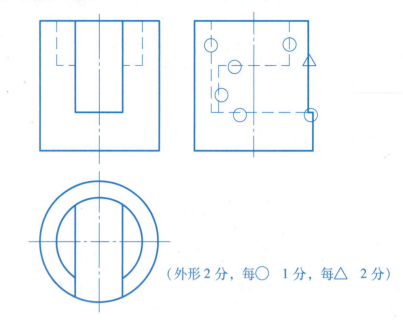

（外形 2 分，每○ 1 分，每△ 2 分）

二、已知 ABCD 为一正方形，求作其水平投影和侧面投影（只求一解）。（8 分）

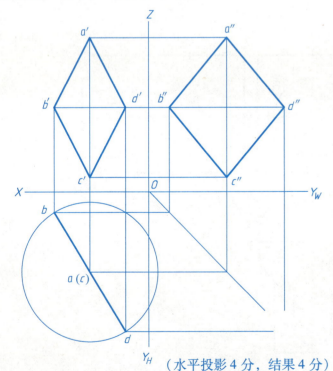

（水平投影 4 分，结果 4 分）

三、已知两平行直线 AB 和 CD 所确定的平面平行于△EFG，试完成该平面的水平投影。（8 分）

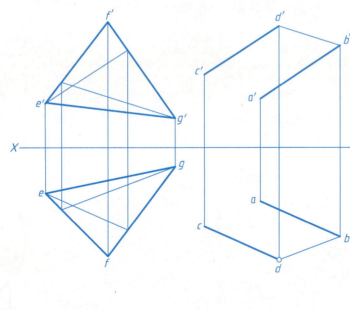

（正面投影连线 3 分，水平投影连线 3 分，结果 2 分）

五、分析形体表面的交线，完成左视图。（10 分）

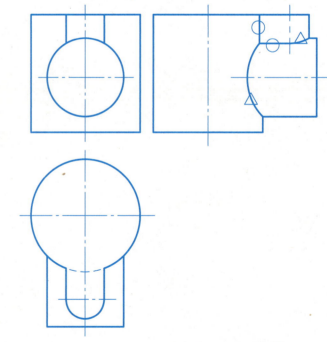

（每△ 3 分，每○ 2 分）

六、补画俯、左视图中所缺的图线。(8 分)

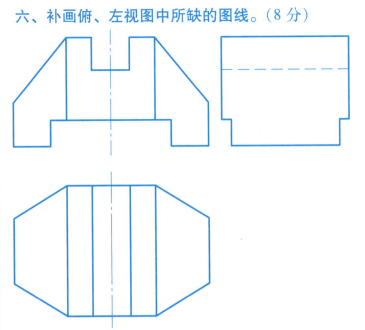

八、补全视图中的尺寸,数值直接按 1:1 的比例从图中量取后取整数。(8 分)

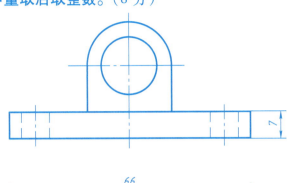

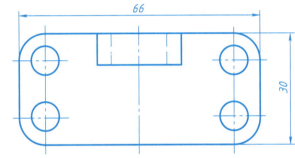

十、在指定位置将主视图画成全剖视图。(12 分)

A—A

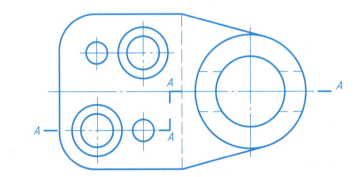

七、已知主、俯视图,补画左视图。(10 分)

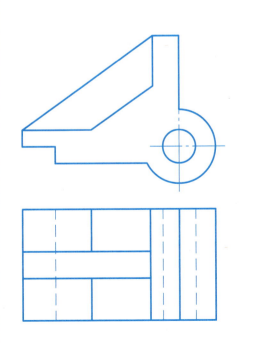

九、画出平面立体的正等轴测图。(10 分)

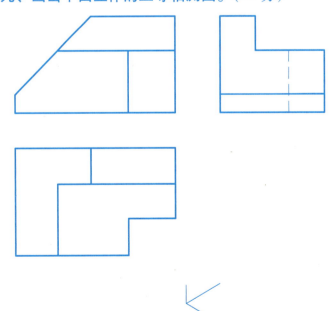

十一、画出指定位置的断面图(键槽深 4mm)。(8 分)

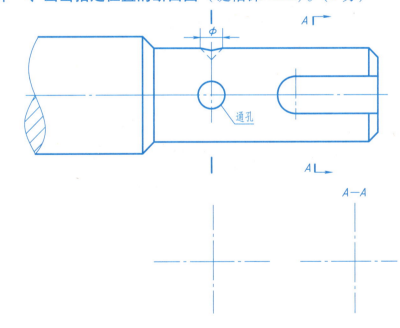

A—A

(第 2 页,共 2 页)

六、补画俯、左视图中所缺的图线。(8分)

八、补全视图中的尺寸,数值直接按1:1的比例从图中量取后取整数。(8分)

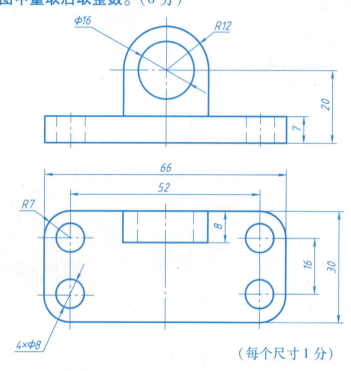

十、在指定位置将主视图画成全剖视图。(12分)

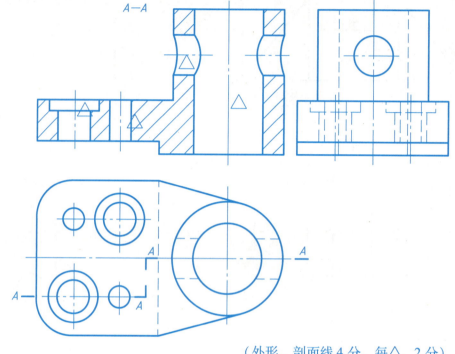

(每线1分)　　　　　　　　　(每个尺寸1分)　　　　　　　(外形、剖面线4分,每△ 2分)

七、已知主、俯视图,补画左视图。(10分)

九、画出平面立体的正等轴测图。(10分)

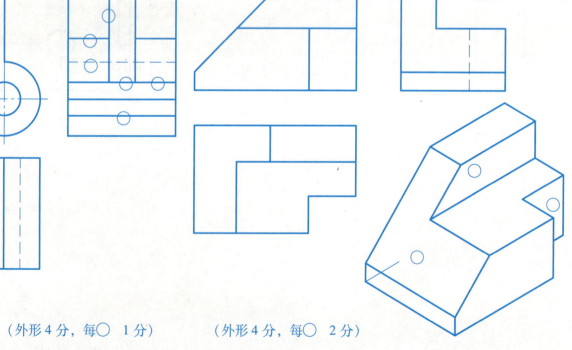

十一、画出指定位置的断面图(键槽深4mm)。(8分)

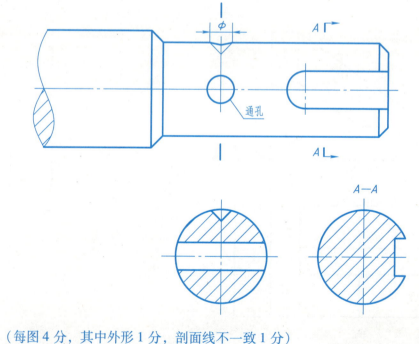

(外形4分,每○ 1分)　　　(外形4分,每○ 2分)　　(每图4分,其中外形1分,剖面线不一致1分)

参 考 文 献

[1] 大连理工大学工程图学教研室. 画法几何习题集 [M]. 5版. 北京：高等教育出版社，2011.
[2] 大连理工大学工程图学教研室. 机械制图习题集 [M]. 6版. 北京：高等教育出版社，2013.
[3] 何铭新，钱可强，徐祖茂，等. 机械制图 [M]. 7版. 北京：高等教育出版社，2016.
[4] 王兰美，殷昌贵. 画法几何及工程制图 [M]. 3版. 北京：机械工业出版社，2014.
[5] 王农，戚美，梁会珍，等. 工程图学基础 [M]. 3版. 北京：北京航空航天大学出版社，2013.

《工程制图训练与解答（上册）》第 2 版

王农 主编

信息反馈表

尊敬的老师：

您好！感谢您多年来对机械工业出版社的支持和厚爱！为了进一步提高我社教材的出版质量，更好地为我国高等教育发展服务，欢迎您对我社的教材多提宝贵意见和建议。另外，如果您在教学中选用了本书，欢迎您对本书提出修改建议和意见。

一、基本信息

姓名：_____ 性别：_____ 职称：_____ 职务：_____
邮编：_____ 地址：_____
工作单位：_____校/院_____系 任教课程：_____
学生层次、人数/年：_____ 电话：_____-_____（H）_____（O）
电子邮件：_____ 手机：_____

二、您对本书的意见和建议

（欢迎您指出本书的疏误之处）

三、您对我们的其他意见和建议

请与我们联系：
100037 北京百万庄大街22号·机械工业出版社·高等教育分社 舒恬 收
Tel： 010—8837 9217（O） Fax：010—68997455
E - mail：shusugar@163.com